わかりやすい防衛テクノロジー

作戦指揮とAI

井上孝司　著
Koji Inoue

イカロス出版

USAF

現代戦の作戦指揮所

カタールのアル・ウデイド基地に米軍が設営した航空作戦指揮所（CAOC：Combined Air Operations Center）を2015年に撮影。この施設で、イラクからアフガニスタンに至る中東・南アジア地域における航空作戦を指揮していた。広い範囲の状況を即座に把握して適切に作戦を指揮するために、「コンピュータとデータ通信網」は不可欠。

陸･海･空の指揮中枢

軍事作戦を指揮する作戦中枢は、艦艇や航空機、地上車両で作戦地域へと展開する。

右上は米空軍のE-3空中警戒管制機。レーダーで彼我の航空機の動向を把握するとともに、味方機に対して指令を飛ばす「航空戦の要石」といえる存在だ。

右下は米海軍の指揮統制艦ブルー・リッジ。第7艦隊と第6艦隊の旗艦は、空母でもイージス艦でもなく、このブルー・リッジ級だ。旗艦に求められるのは戦闘能力ではなく、指揮統制・通信能力だからだ。

下はノースロップ・グラマン社製の指揮管制システム「IBCS」で指揮所の機能を受け持つEOC(Engagement Operations Center)。設備一式を搭載し、地上軍に随伴して機動展開する。

進化をつづける空の脅威

米海軍のイージス駆逐艦「スティレット」（DDG 104）が、戦闘システムの機能確認試験でスタンダード迎撃ミサイルを試射している場面。高性能のミサイルを持つだけでなく、それを正しいターゲットに対して適切なタイミングで差し向ける必要があり、それを受け持つのがイージス武器システムだ。

AFRL

米空軍が進める「スカイヴォーグ」計画のイメージ画。賢く、かつ安価な戦闘用無人機と戦闘機がチームを組む

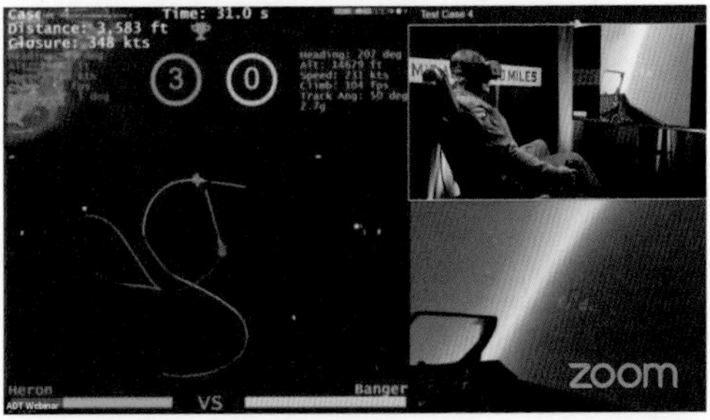

DARPA

米空軍ACE計画の"アルファドッグファイト・トライアル"（98ページ参照）において、AIとF-16パイロットが行ったバーチャル空中戦

戦闘機とチームを組む戦闘用無人機の一例、XQ-58ヴァルキリー。この頭脳としてAIを活用する

軍事がAIに求めるもの その1

　有人機と無人機でチームを組ませて、危険性が高い任務を無人機に受け持たせる構想がある。「賢い無人機」が求められるため、AIの活用が考えられた。最初に「AIを信頼しても大丈夫ですよ、AIでもここまでできますよ」と実証する必要がある。AIがバーチャル戦闘機で格闘戦を演じた“アルファドッグファイト・トライアル”の本来の目的は、そこにある。

軍事がAIに求めるもの その2

「矛と盾」の故事通り、軍事の業界は新兵器と対抗策のいたちごっこ。たとえば、ミサイルの誘導制御装置が進化すると、次はそれを騙すための対抗策が登場する。そこでミサイルの側も、より賢い目標識別能力が求められ、AIの活用が考えられた。すでに実用事例も出てきている。

Lockheed Martin

衛星画像の解析は、人手に依る部分が多い、手間のかかる作業。それを自動化するため、ロッキード・マーティン社はAIと深層学習を用いる「GATR」を開発した。この画像は、シカゴ・オヘア国際空港の衛星写真に写った大型機をGATRに自動検出させたもの

B-1Bから発射されたLRASM空対艦ミサイル。このミサイルはAIを駆使して目標を識別できるとされる

イスラエルのエルビット・システムズ社が開発したシーガル無人艇。すでに無人艇を港湾警備に用いる事例はあり、機雷処分任務への応用も始まっている。決まった海域で、長時間ぐるぐる走り回るような任務は、無人システムとの親和性が高い

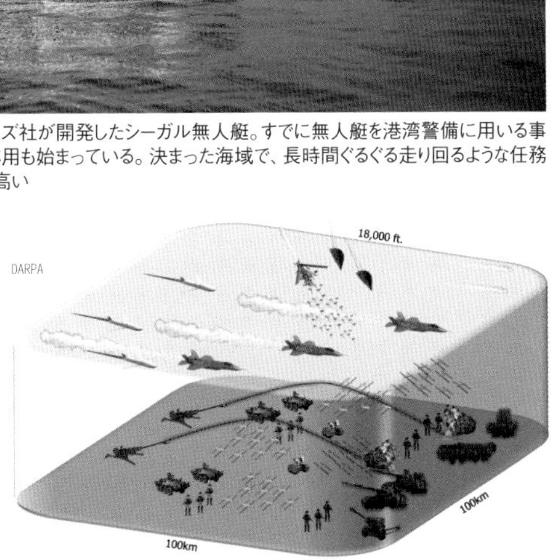

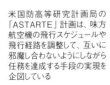

米国防高等研究計画局の「ASTARTE」計画は、味方航空機の飛行スケジュールや飛行経路を調整して、互いに邪魔し合わないようにしながら任務を達成する手段の実現を企図している

JADC2 新たな戦闘概念

いわゆる「領域横断作戦」とは、単に戦闘空間が多様化するという意味ではない。多様化した戦闘空間における状況把握や作戦行動を互いに連携させて、一元的な指揮の下に置く必要がある。それを支えるのは、高速かつ信頼性が高いデータ通信網とコンピュータ。その一環として、ノースロップ・グラマン社はAT&T社と組んで、デジタル通信網の研究に取り組んでいる。こうした取り組みは、米軍が進めている戦闘概念、統合全領域指揮統制（JADC2）を念頭に置いたものだ。

その「多様な戦闘空間の一元化」では、これまで戦闘空間ごとに持っていた情報収集や指揮統制のためのシステムを、相互接続することが求められる。しかし既存のシステムを御破算にしてすべて作り直すのでは、時間も費用もかかる。そこで、既存システム同士で中継・変換機能を介して相互接続する取り組みがなされている。要するに同時通訳だ。

はじめに

本書は、「わかりやすい防衛テクノロジー」のシリーズ第二弾。今回も前回に引き続き、「マイナビニュース」の連載「軍事とIT」をベースにしつつ、必要に応じて加筆修正・アップデートを行う形で実現した。

第一弾の「F-35とステルス」は比較的身近(?)で、かつ情報が多い分野の話だった。それに対して今回は、「戦闘の指揮統制」「指揮管制装置」という、馴染みの薄い話が出てくる。しかしこれは、現代の軍事作戦を動かす上では不可欠の要素だ。

しかも、指揮統制と情報通信網は、流行り言葉の「領域横断作戦」「マルチドメイン作戦」を支える柱でもある。単に戦闘空間の種類が増えたからマルチドメイン作戦というわけではないし、領域横断作戦というわけでもない。真の「領域横断」を実現するためには何が必要なのか。そういった話も取り上げていく。

その「領域横断作戦」「マルチドメイン作戦」と並ぶホットな流行り言葉として「AI」がある。「AIが軍事にどう関わるか」を説明しようとすると、まず「コンピュータがない時代にはどうやっていたか」「AIがないときにはどうなっていたか」の解説が要る。

そこで本書では、まず前段として防空などの話題を使いながら「戦闘指揮とはどんな仕事か」「それを実現するためにどんなインフラが要るか」といった話を取り上げる。その上で、コンピュータ化に際して欠かせないソフトウェアの動作、そしてAIの関わり。最後に「領域横断作戦」「マルチドメイン作戦」との絡みで避けて通ることができない、米軍の新たな戦闘概念について取り上げていく。

2023年5月　井上孝司

目次
INDEX

第1部 はじまりは防空システム

第2部 指揮所と指揮のシステム化

第3部 指揮システムとソフトウェア

第4部 AIの活用

第5部 変わりゆく作戦概念

第1部

はじまりは防空システム

軍組織の根幹は「指揮統制」にあり、その中枢となる頭脳が「指揮所」、神経系が「通信」である。
この最も大切な部分を表す頭文字略語が「C3」、
すなわち「Command, Control and Communication」だ。
これに情報そのものである「Information」の「I」と、
迅速な情報処理を担う「Computer」が加わると「C4I」になる。
まずは現代戦を司る中枢の機能「C4I」について紹介していこう。

C4ISRという言葉

軍事の分野は、頭文字略語であふれかえっている。その中に、現代における軍事組織の中枢機能をまとめた「C4ISR」という言葉がある。4つの「C」と「I」「S」「R」からなっており、それぞれ以下のような意味になる。

C：Command／指揮
C：Control／統制、管制
C：Communications／通信
C：Computers／コンピュータ
I：Intelligence／情報
S：Surveillance／監視
R：Reconnaissance／偵察

C4ISRのほかに、最初のC、2つからなる「C2」（指揮統制※1）や、3つの「C3」（指揮・統制・通信）といった頭文字略語もある。まずは言葉の成り立ちから説明していこう。

指揮統制“C2”は軍の証

国家の正規軍と、そこら辺の武装集団の決定的な違いは、「統制」がきちんと行き渡っているかどうか、にある。きちんと指揮系統が確立しており、最高司令官が「やれ」といったら交戦する、「止めろ」といったら交戦を止める。それができなければ、ただの暴れん坊の集団になってしまう。

そして、最高司令官、あるいはその下にいる各組織の指揮官が状況を知ったり、報告を上げたり、命令を下達したりするためには、通信手段が不可欠になる。伝令や伝書鳩、有線の電話や電信、無線の電話や電信、衛星通信にデータ通信網など、通信手段は多岐にわたる。

また、武器や各種ヴィークルの発達によって戦域が飛躍的に広くなり、航空機や潜水艦の登場によって立体化、そしてスピードアップしたことで、生身の人間の情報収集能力や判断能力では対応しきれ

※1：指揮統制
「Command and Control」あるいは「C2」の訳語で、「指揮」は指揮官が配下の部隊を動かすこと、「統制」はしくみに沿って秩序を保つこと。たとえば日本において、最高指揮官である内閣総理大臣が有事の際に自衛隊に出動を命じるのは「指揮統制」の一例。統合幕僚監部が部隊を動かすのも同様。ちなみに同じ「Command and Control」の訳語でも「指揮管制」と訳す場合は、指揮する対象が武器になる。たとえば、脅威の飛来を把握して交戦の順番を決めたり、ミサイルを誘導するために誘導用のレーダー照射を行ったりするのは指揮管制の一例。

軍事組織の根幹は「指揮統制」にあり、その中枢となる「頭脳」が指揮所、神経線が「通信」となる。写真は、中東地域を担当する米中央軍の航空作戦指揮所（CAOC：Combined Air and Space Operations Center）

なくなった。

そこに、情報処理の手段としてのコンピュータが入ってきた。具体的に、どこでどんな使われ方をしているかという話はこの後で順を追って取り上げていくが、「手作業や紙からコンピュータに」という変化が起きているのは、なにも武器そのものだけの話ではないのだ。武器を使うための情報収集や、意思決定を支援する手段についても同じである。だから、最初はC2あるいはC3、あるいはそこに「情報」をくっつけてC3Iといっていたものが、「コンピュータ」が加わってC4あるいはC4Iというようになった。

なお、同じ "Command and Control..." でも「指揮管制」と訳したり「指揮統制」と訳したりするが、これは対象が違う。「管制」なら相手は武器、「統制」なら相手は人や組織だ。

現代の技術で進化した残りの"C2"と"ISR"

そして、情報収集の手段も進化した。かつては人間の目玉しかなかったが、これは夜間や悪天候下ではあまり使えない。しかし今では、昼夜・天候を問わずに使える探知手段がいろいろある。それらがすなわち、情報を集めて、敵軍を監視・偵察する手段である。それが指揮統制分野のシステムに情報を送り込む。こうした流れを示すのが、C4ISRという用語だ。

彼我の状況を迅速かつ正確に知り、それに基づいて正しい意思決定を行い、迅速に配下の部隊に対して命令を下達して作戦行動を発起、最終的に戦闘行動や戦争そのものに勝つ。それを支える基盤がすなわち、C4ISRを構成する諸要素。そのうち本書では、C4の部分に重点を置いて取り上げていく。

その入口として、まずは空の護りをどのようにして実現しているかという話と、その仕組みができる発端となった第二次世界大戦中の空の戦いについて見てみよう。

現代の空の警戒監視

空の警戒監視。これは、平時の警戒監視活動の中では緊張度が高い部類に属する。

現代の軍事作戦では、まず航空優勢を確保する必要がある。だから、仮想敵国の航空戦力が本格的に蠢動を開始した場合、それは航空戦が切迫していることを意味する。そこまでエスカレートしなくても、平素から空の警戒監視を怠るべきではない。単に侵攻を察知あるいは抑止するだけでなく、情報収集活動を妨害するという意味もあるので重要だ。

対領空侵犯措置と防空識別圏（ADIZ）

平時の場合、空における主な活動は対領空侵犯措置を指すと考えてよいだろう。読んで字のごとく、悪意あるいは敵意をもって自国の領空を侵犯しようとする航空機を発見・排除するのが目的である。

これを達成するには、まず「発見」と「識別」が必要であり、そこで機能するのが、防空識別圏[※2]（ADIZ：Air Defense Identification

※2：防空識別圏
英語ではADIZで、アディズと読む。領空の外側に設定して、正体不明機が接近してきた段階で探知・捕捉・追尾して対処のための時間的余裕を確保できるようにする空域。これ自体は領空ではない。

Zone）である。

領空とは、領土と領海の上の空である。海に面した国家では、海岸線から12海里（22.224km）の線を境界とする領海があり、その領海の上空が領空の端ということになる。その領空に敵機、あるいはその他の正体不明機が侵入して自国に危害を及ぼす事態を防がなければならない。

ところが、陸上あるいは海上からの侵犯行為と異なり、航空機はスピードが速い。時速900kmで飛ぶ飛行機は1分間に15kmずつ進むから、領空ギリギリのところまで接近してから対処しようとしても間に合わない。相手が戦闘機なら、もっと速い可能性がある。

そこで、領空の外側にADIZを設定する。ADIZを飛行する航空機の動向を常に監視して、自国の領空を侵犯する可能性がある正体不明機、いわゆる「アンノウン」を発見した時点で、戦闘機を緊急発進させて当該機と接触、正体を確認するとともに退去や針路の変更を

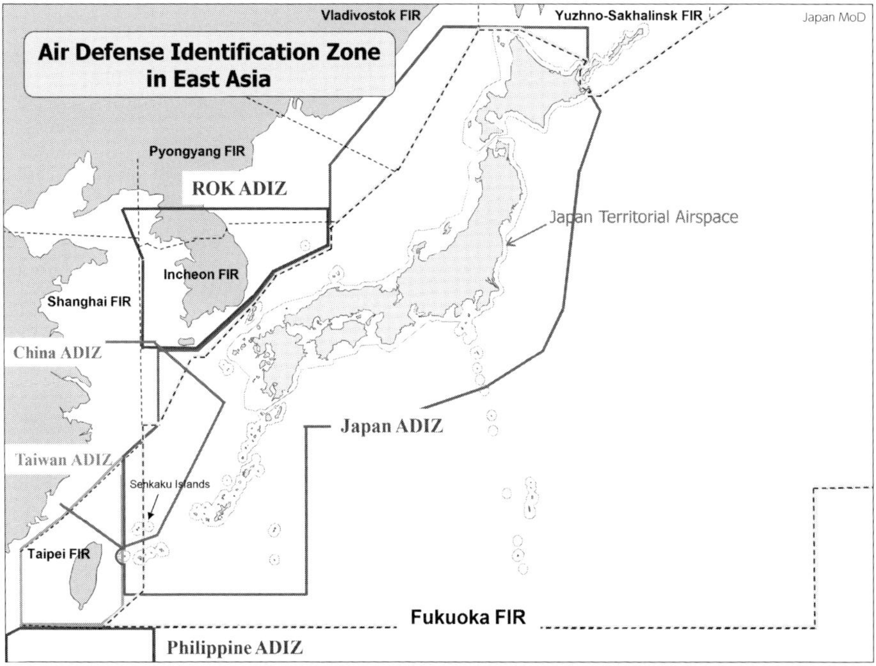

我が国と周辺国が設定している防空識別圏ADIZを示した図。ADIZは緯度経度を基準にしているため、直線と円弧からなる。日本のADIZ（Japan ADIZ）は日本領空（Japan Territorial Airspace）の外側にあり、中国のADIZが日本、台湾、韓国のADIZと重なっていることがわかる。点線で示された「FIR」は飛行情報区の線で、民間航空運用のための国際的な担当区分を示す

※3：随伴・監視
領空に接近してきた正体不明機に接近して、平行して飛びながら動向を監視するとともに、無線を通じて「このまま進むと我が国の領空を侵犯することになる」といって退去を求めたり、記録用の写真を撮ったりする。

※4：警告射撃
正体不明機が退去の要請に応じないときに、警告として、正体不明機の近くに向けて機関砲を撃つ行為（当てると交戦になってしまうので、意図的に狙いを少し外す）。自衛隊では信号射撃という言葉を使うようだ。

※5：強制着陸
正体不明機が退去要請に応じず、領空を侵犯してしまった場合に、正体不明機を自国の飛行場に強制的に着陸させる行為。戦闘機が随伴誘導するほか、警告射撃は着陸を強制する手段のひとつといえる。

求めるわけだ。

注意しなければならないのは、ADIZは「識別圏」という名前の通り、あくまで脅威となる機体を「識別」するためのものでしかないという点。しつこく書くと、ADIZは領空の外側に設定するエリアであり、領空の拡大を意味するものではない。隣接する国同士でADIZが重複することもある。だから、「防空識別圏」と書くべきところを、一部新聞記事の見出しのように「防空圏」と書くと、意味がまるで違ってしまう。実に困った話である。

ADIZを設定したら、そのADIZを平時から継続的に監視して、そこを飛行する航空機の正体を識別するとともに、動向を監視する必要がある。それが「空の警戒監視」である。

ただし平時の対領空侵犯措置では、領空侵犯しそうになった、あるいは侵犯が起きたからといって、いきなり撃ち落とすような乱暴なマネはできない。まず、戦闘機を緊急発進させて（いわゆるスクランブル）、当該機を目視確認させる。そして、証拠写真を撮ったり、無線を使って退去や針路変更を求めたりする。それでも相手が言うことを聞かなければ、随伴・監視※3、警告射撃※4、強制着陸※5、といった段階に進まざるを得ない。

ホット・スクランブルがかかり、F-15戦闘機に向かって走るパイロット。正体不明機が領空侵犯するおそれがあると戦闘機が緊急発進して対応する

なお、領空侵犯しそうな針路をとっていなくても、自国に近いところで仮想敵国の情報収集機がウロウロしているのは、あまり楽しいことではない。そういった機体をやんわりと追い払うことができれば、その方が望ましい。しかし現実的に考えると、領空の外を飛んでいる飛行機を力ずくで追い払うことはできないので、随伴して嫌がらせをするぐらいが関の山かもしれない。

監視手段の基本はレーダー

昔みたいに、地上に監視哨[※6]を設置して目視で対空監視を行う手も考えられないわけではないが、低い高度を飛んでいる飛行機で、かつ日中・晴天でなければ目視は難しい。だから、空の警戒監視における主要な手段はレーダー[※7]ということになる。ただし、地球は丸みを帯びているから、地上に設置したレーダーでは覆域[※8]が限られる。送信出力を上げて探知距離を長くとっても、電波は基本的に直進するものだから、水平線の向こう側は探知できない。

同じ距離でも、目標の高度が高くなれば探知できる可能性が高くなるが、意図的に領空侵犯を仕掛けようとする航空機なら、レーダー探知を避けるために低空で侵入してくる可能性が高い。このことは、尖閣諸島で領空侵犯した中国海警[※9]所属機の事例、あるいは函館空港で発生したMiG-25強行着陸事件[※10]の事例から容易に理解できる。

その問題を緩和するには、レーダー・アンテナの設置位置を高くすればよい。もともと航空自衛隊のレーダーサイトは山の上にアンテナを設置して、できるだけ覆域を広く取ろうとしていることが多いが、山の上では高くするといっても限度があるし、都合のいい山がなけれ

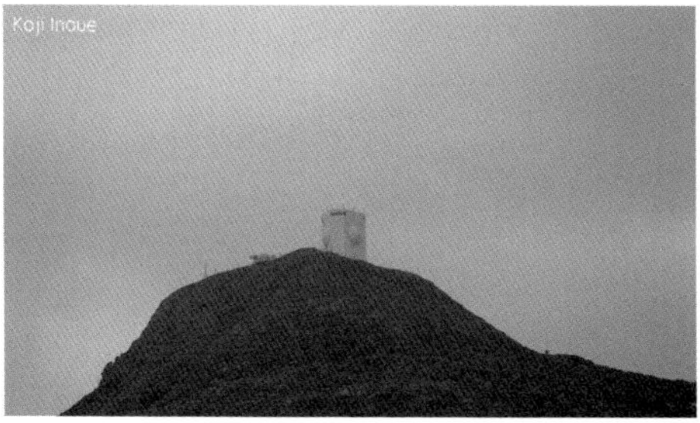

見通しがきくように、山の上にレーダーを設置した例。これは青森県の釜臥山に設置されているJ/FPS-5レーダー

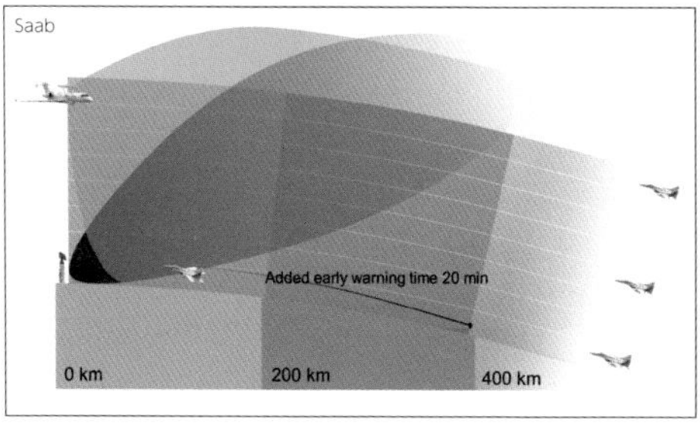

レーダーを搭載する早期警戒機は、地上に設置したレーダーよりも広い範囲を監視できる。左図では、低空の飛来機をより早期に発見でき、20分の余裕が生じるとしている

※6：監視哨
ひらたくいえば「見張所」。レーダーが普及していなかったときには、各地に監視哨を設けて敵機の来襲を知る手段としていた。もちろん、人間の目玉で監視するわけだから、夜間や悪天候ではあまり役に立たない。

※7：レーダー
英文字表記はradar。もともと、Radio Detection And Ranging、つまり「無線による探知と測距」という意味の頭文字略語だったが、一般名詞化した。電波を出して、それが何かに当たって反射して戻ってきたときに、その反射波を捉えることで探知を成立させる。反射波の到来方向には探知目標があり、送信から反射波の受信までにかかる時間は探知目標までの距離を知る材料となる。監視用レーダーを設置した施設を「レーダーサイト」といい、主に対空監視の分野で用いる。

※8：覆域
レーダーなどのセンサーがカバーできる範囲のこと。覆域が広い、狭い、といったいい方をする。

※9：中国海警
中国海警局。中華人民共和国における海洋法執行機関、日本でいう海上保安庁に相当する。2018年の組織再編により、武装警察部隊の海洋部門となった。中国共産党中央と中央軍事委員会による集中統一指導下にある。文中の事例は、2017年5月、尖閣諸島周辺の日本領海を航行中の中国海警船舶から小型の無人機が飛び立ち領空侵犯した件。

※10：MiG-25強行着陸事件
1976年9月6日に発生した亡命事件。ソ連空軍のヴィクトル・ベレンコ中尉が操縦するMiG-25が、訓練飛行のために離陸した後で日本に向けて飛行、函館空港に強行着陸した。その過程で、航空自衛隊のレーダーがいったんは探知したものの、MiG-25が高度を下げたために失探。スクランブルに上がったF-4EJも同機を捉えられず、これがE-2ホークアイ導入の契機となった。

ば話が始まらない。その点、E-2C、E-767、E-3といった航空機、いわゆる早期警戒機※11が搭載するレーダーの方が効果的である。

正体不明機の識別と二次レーダー／IFF

なお、警戒監視はレーダーだけでは成り立たない。レーダーで分かるのは、あくまで「飛行物体がいる」ということだけである。電波を反射する「点」でしかないからだ。

そこで、軍用機なら敵味方識別装置※12（IFF：Identification Friend or Foe）、民間機なら二次レーダーを併用する。これは、レーダーに併設したインテロゲーター※13が電波を使って誰何（すいか）すると、当該航空機が備えるトランスポンダー※14が応答するというものだ。

IFFや二次レーダーを使用する際には、事前に識別コードを設定しておく。民間機の場合、フライトプラン※15を航空管制当局に提出した時点で、それと紐付ける形で識別コードの割り当てを受けるので、「○○航空の△△便なら二次レーダーの識別コードは××」という具合に、関係が明確になっている。だから、インテロゲーターが誰何して、トランスポンダーが「××」というコードで応答してくれれば、「○○航空の△△便」だと分かる。

軍用機も考え方は同じで、任務計画を立案して自国軍機を出動させる時点で、IFFトランスポンダーにセットする識別コードを決めておく。だから、事前に取り決めたものと同じ識別コードによる応答があれば、それは友軍機だと判断できる。いいかえれば、IFFの識別コードを設定し間違えると、敵機と間違われて撃ち落とされるかも知れない！

車載式レーダーの例。平面アンテナの上部に「棒」のようなものが付いている。これがIFFのアンテナであると思われる

※11：早期警戒機
空飛ぶレーダー基地。捜索レーダーを航空機に載せて高空を飛行させることで、地上に設置するよりも広い範囲をカバーできるようにしたもの。山岳地形などに起因する死角を避けられるメリットもある。

※12：敵味方識別装置
英語ではIFF。レーダーで探知した目標に対して電波で誰何（誰かを尋ねる）して、正しい応答が返ってくるかどうかで敵と味方の区別をつける装置。

※13：インテロゲーター
IFFで誰何を担当する機器のこと。電波による問い合わせを行うとともに、トランスポンダーからの応答を受信する。

※14：トランスポンダー
IFFインテロゲーターからの誰何を受けて、応答を返す機器のこと。事前に正しいコード番号をセットしておく必要がある。

※15：フライトプラン
飛行計画書と訳される。民航機の場合、機体の登録番号、機種、便名、発地と着地、途中の経由地点などといった、飛行に関する一切合切の情報が書かれている。フライトの前に各国の航空管制当局に提出される。

海上自衛隊T-5練習機のSIF設定パネル。中央にある4桁のダイヤルでコードをセットする。SIFはIFFの機能の一部を使用した民間航空向け

ということは、対領空侵犯措置に使用する対空捜索レーダー※16と、そこから得た情報を処理するシステムは、IFFや二次レーダーの識別コードに関する情報を得られるようになっていなければならない。つまり、民間機なら航空管制当局の飛行データ管理システム※17、軍用機なら自軍の指揮管制システム※18と連接して、識別コードの内容を照会できるようにしておく必要がある。すると、単に両者を通信網で接続するだけでなく、照会や応答のためのプロトコル、それとデータ・フォーマットを取り決めておかなければならないと分かる。

特に相手が民間機の場合、軍とは異なる組織が管制業務を担当しているのが通例だから、異なる組織同士でシステムを連接して、照会やデータの受け渡しを行えるシステムを構築する必要がある。

第二次世界大戦イギリスの防空システム

「空の警戒監視」は平時の話である。では、戦時はどういうことになるか。敵機が飛来したと分かったら、とにかく追い払うか撃ち落とすかして排除しなければならない。そのためにはまず、敵機の飛来を知る必要がある。そこで「防空システム」の構築という話が出てくる。

防空とは何か

防空とは読んで字のごとく「空の護り」である。第一次世界大戦で飛行機が軍事作戦に使われるようになり、第二次世界大戦でその地位を確立した。つまり、空を制することができなければ戦争に勝てな

※16：対空捜索レーダー
空中の目標を捜索するために用いられるレーダー。対象範囲が広いため、高い出力が求められることが多く、必然的に大がかりなものになりがち。

※17：飛行データ管理システム
各国の航空当局が、提出されたフライトプランの情報を入力・管理するためのシステム。FDP（Flight Plan Data Processing system）ともいう。

※18：指揮管制システム
艦艇の場合、CMS（Combat Management System）という。自艦が搭載するさまざまなセンサーから情報を得て、脅威について知るとともに、そこに武器を指向して交戦する機能を提供する。陸上ではBMS（Battle Management System）というのが一般的で、敵と味方の位置や状況を把握・表示して、指揮官の戦闘指揮を支援する。

※19：イージス艦
イージス戦闘システムを搭載した軍艦の総称。

いという話である。ただし、飛行機は地面を占領することができないから、「空を制するだけでは戦争に勝てない」ともいえる。

ともあれ、敵国の航空戦力が自国の空を制するようでは話にならない。米陸軍航空軍のB-29が上空を飛び回って爆弾の雨を降らせていた太平洋戦争末期の日本のことを考えれば、このことは容易に理解できる。そういう事態を招かないように、自国の上空に飛来する敵機を掃滅するか、せめて追い返す必要がある。これがいわゆる「本土防空」である。

では、それ以外の防空があるのかというと、もちろんある。

たとえば、イージス艦[※19]。あれは、艦隊や船団を敵の航空機から守るための手段である。つまり「艦隊防空」だ。航空機だけでなく、対艦ミサイルも迎撃対象になる。また、陸軍部隊が頭上から敵機に攻撃されるようでは仕事にならないので、これも防空を必要とする。敵国に攻め込むにしても、あるいは自国に攻め込んできた敵軍を迎え撃つにしても、同じことだ。これは「野戦防空」という。

では、防空任務を達成するには何が必要か。そこで必要と考えられる要素を、冒頭で述べたC4Iの各要素に分けて列挙してみよう。

●Command, Control：適切な判断・意思決定・指令を行う

●Communications：情報や指令の伝達手段

●Computers：彼我の状況を提示したり、情報や指令を伝達したりする手段

●Intelligence, Surveillance, Reconnaissance：敵襲を知る手段（レーダーや見張りなど）

そしてもちろん、迎撃の手段となる戦闘機、対空砲、地対空ミサイル（SAM：Surface-to-Air Missile）といったものも必要である。見つけるだけでは敵機は撃墜できない。

システム化された防空の嚆矢

飛行機の特徴は、軍艦や戦車と比べて足が速いことである。すなわち、迎撃に際して時間的余裕が乏しいということだ。見つけたと思ったら、もう頭上まで来ているということになりかねない。

そうなると、「できるだけ早く、遠方で発見すること」（だからADIZ

を設けて、領空に侵入する前に怪しそうな飛行機を見つけ出すようにしている)、「発見したという情報を迅速かつ確実に伝達すること」、「その情報に基づいて、間違いのない意思決定をすること」、「その意思決定に基づく迎撃の指令を、迅速かつ確実に伝達すること」という課題がついて回る。

極端な話、伝令を走らせて情報や指令を伝達していたのでは話にならない。少なくとも電話が必要である。探知手段にしても、目視では夜間や悪天候の際に使い物にならないし、聴音機[※20]でもどこまでアテになるか分からない。もっとも頼りになるのはレーダーである。

といったところで、時計の針を巻き戻して、1940年夏のイギリスである。電撃戦によってフランスを制圧したドイツ軍が、そのフランスに進出した戦闘機や爆撃機を使って、イギリス本土に空襲を仕掛けていた、いわゆる「英本土航空決戦[※21]」(Battle of Britain)である。なんでそんな話が出てくるかというと、当時のイギリス軍にはすでに、システム化された防空体制の萌芽が見られたからだ。

英本土航空決戦において活躍した、スーパーマリン・スピットファイア戦闘機。1940年6月24日の撮影。ホーカー・ハリケーンとともに、イギリスの空を護りきった守護神として知られ、今でも各地に飛行可能な機体が残されている

まず敵機の飛来を探知する手段として、CH(Chain Home)と呼ばれるレーダーが設けられていた。使用したレーダーは周波数20~50MHzの電波を使用する設計(実際に使用した範囲は22.7~29.7MHz)、送信出力は200kW~1MWといったところ。これで探知可能距離は64km(目標の高度1,500m)、あるいは224km(同じく9,200m)だったという。

なにしろ周波数が低いから分解能[※22]は大したことなさそうだが、それでも敵機が飛来したと分かれば役に立つ。仮に200km遠方で探知した場合、当時の戦闘機や爆撃機の巡航速度からすると、数十分から1時間近い余裕がある。その間に敵機がどちらからどちらに向

※20：聴音機
第二次世界大戦の頃まで使われていた、対空監視の手段。敵機が発する「音」を聞き取ることで探知する。そのため、ラッパのような集音装置を複数備えている。レーダーが一般的に用いられる現代では過去の遺物になったかと思ったが、2023年にもなって、ロシアのどこかで軍事パレードに登場したらしい。

※21：英本土航空決戦
第二次世界大戦中の1940年後半に、ドイツ空軍がイギリスの軍や都市、工業基盤、港湾施設などを対象とする航空攻撃を実施、それをイギリス空軍が迎え撃った。その一連の航空戦を指す言葉。

※22：分解能
レーダー用語で、探知目標までの距離について正確さを示す「距離分解能」と、探知目標の方位について正確さを示す「方位分解能」がある。

けて飛来しているかを把握して、もっとも都合のいい場所にある戦闘機基地に対して、電話で迎撃に上がるように指令を出す。

フィルター室と地図と駒

そのための情報提示と意思決定はどうするか。まだコンピュータなんてものはない。そこで登場するのが、「フィルター室」である。

CHレーダーの基地は複数存在するから、それぞれのレーダー基地からの探知報告をフィルター室に集約する。監視哨や聴音機から報告が上がってくれば、その情報もフィルター室に上げる。それらの情報源から得られたデータを、大きなテーブルの上に拡げた地図上に示していく。ただし敵機は移動するものだから、敵機を示す「駒」を地図上に載せて、入ってくる報告に合わせて長い棒で移動させる方法をとった。

レーダー基地からそれぞれ探知方向が上がってきた場合、（2次元レーダーだから）距離と方位の情報が得られる。レーダー基地は地上に固定されているから、方位線の起点は定まる。そこから距離と方位の線を引けば、目標の位置は分かる。それに基づいて地図上に駒を置く。

フィルター室の模様を撮影した写真。ただし、展示されていた場所はスウェーデン空軍博物館

同じ敵機を複数のレーダー基地が探知していれば、置かれる駒の位置や動きはだいたい同じになるだろうから、重複探知としてひとまとめにできる。あるタイミングで複数の探知目標が同じ位置にいても、しばらく捕捉追尾しているうちに位置が離れてくれば、これは別物だと判断できる。

そんな具合に探知報告を集約することで、状況を把握する材料ができる。指揮官は、その地図上に置かれた駒の動きを見て全体状況を把握するとともに、指揮下にある戦闘機隊の状態(戦闘中、地上で整備補給中など)を、壁の表示板に設けたライトの点灯状況によって確認する。

そして、どこの基地からどこの敵に、どれだけの戦闘機を差し向けるかを決定して、戦闘機基地に発進の指令を下す。使える戦闘機がないのに「迎撃しろ」と指令を出しても空振りになるから、麾下の戦闘機隊の状態も分からないと困るのだ。

英空軍の防空体制で卓抜だったのは、この「フィルター室」の存在である。レーダー基地が個別に探知して戦闘機部隊に指令を出す方法では、同じ敵機を複数のレーダー基地で探知したときに、対応が重複する可能性がある。それでは手持ちの戦力を無駄遣いしかねないし、それによって戦力を使い果たした結果として別の敵に差し向ける戦闘機が残らないかも知れない。

すべての探知情報を一ヶ所に集約して、整理・融合することで、より効率的かつ確実な防空戦闘を実施できるのだ。

防空システムのコンピュータ化

先に、システム化した防空の嚆矢ということで、第二次世界大戦当時のイギリス軍の事例について簡単に紹介した。しかし、地図上の駒を手作業で動かすとは、いかにもアナログであるし、ジェット機時代のスピードには対処できない。そこでコンピュータ化した防空システムを作ろうという話になる。

責任は重くなるのに時間は減る

現在はジェット機時代、飛行機の速度が速くなり、それだけ時間的余裕が減っている。仮に同じ距離で飛来を探知できても、飛行機の速度が3倍ぐらいにはなっているから、時間的余裕は3分の1になる。しかも、核兵器を搭載した飛行機が飛来すれば、1機で大変な被害が生じる。ということで、特にアメリカやソ連は防空システムの構築に

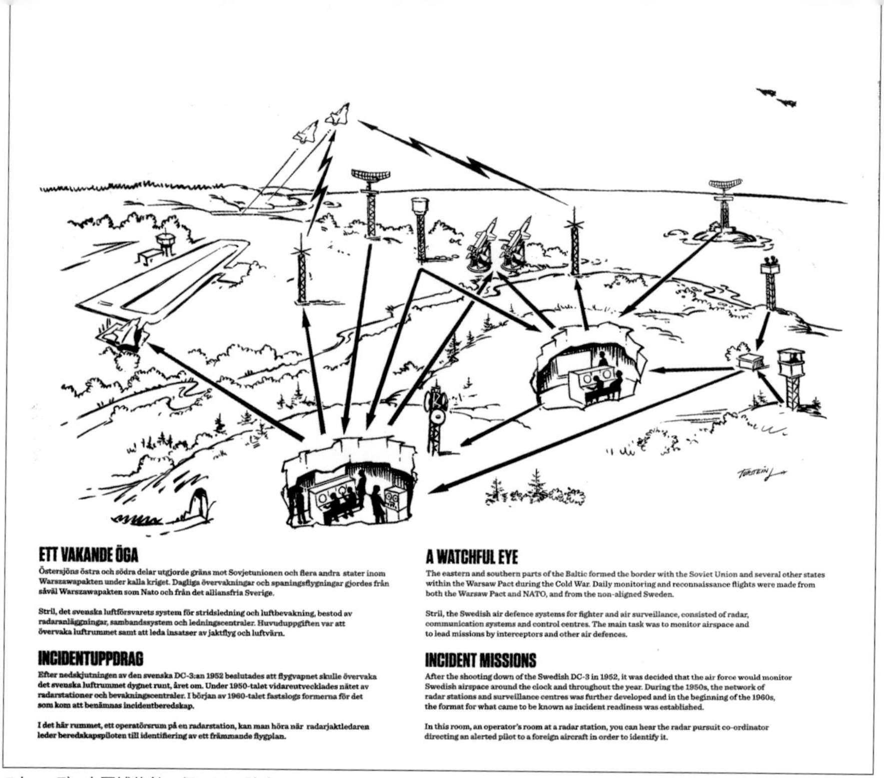

flygvapenmuseum - Koji Inoue

スウェーデン空軍博物館に行ったら、防空システムの概要を説明するパネルがあった。この画では、指揮所は地下に設けられている

※23：ネットワーク
情報通信分野においては、通信手段あるいは通信網のこと。もっと広い意味として、人と人とのつながりもネットワークと呼ぶことがある。

※24：SAGE
セイジと読む。アメリカ空軍が1950年代に開発・配備した、近代的な防空指揮管制システムの始祖。北米各地に配置したレーダーサイトから探知情報を得て、脅威の飛来について知るとともに、迎撃するために戦闘機や地対空ミサイル部隊に指令を飛ばす。戦闘機が接敵するための誘導も担当する。

狂奔した。

地球儀を真上から見下ろしてみると理解しやすいが、この両国を結ぶ最短ルートは、実は北極経由である。だから防空システムも爆撃機の基地も、北に向けて指向されたものが多かった。アラスカやカナダにレーダー基地のネットワーク※23を構築したのも、一見したところではソ連から遠そうなアメリカ中北部に爆撃機の基地がいくつも置かれたのも、そういう理由があるからだ。

探知の基本はレーダー網だからそれでいいとして、その後の情報伝達・情報の整理と提示・意思決定の支援はどうするか。そこで1958年に登場するのが有名なSAGE※24 (Semi Automatic Ground Environment) システムというわけだ。

SAGEシステムの基本的な考え方は、1940年の英本土航空決戦においてイギリス空軍が地図上の駒を動かしていたときと似ている。しかし、紙の地図と駒の代わりに、SAGEではコンピュータとディスプレイ装置を使う。また、レーダーから入ってきた情報は、データ通信回線(といってもアナログ電話回線とモデムの組み合わせだが)で送られてくる。

迎撃の方は、コンベアF-102デルタダガーなど、SAGEシステムと連接するデータリンク※25を備えた戦闘機を配備した。電話を使って口頭で「どっちに行け」と指示する代わりに、データリンクで指令が届いて、行くべき場所まで自動操縦で飛んで行ける。これで、明後日(あさって)の方向に迎撃戦闘機を飛ばしてしまうリスクを抑えられる。

コンベアF-102デルタダガー。後に、これを発展させたF-106デルタダートも登場した

日本の防空(BADGE、JADGE)も基本は同じ

SAGEはアメリカ本土を対象とするシステムだが、他国もその後を追うようになり、これは日本も例外ではなかった。そこで登場したのがBADGE※26(Base Air Defense Ground Environment)システムである。これには、1968年に運用を開始した初代BADGEと、1989年3月に運用を開始した新BADGEの二種類がある。

初代BAGDEは、レーダーによる探知と、それに基づく状況の提示・判断・迎撃戦闘機の差し向け、という現場レベルの機能を自動化したものだった。それに対して、新BADGEは指揮統制の分野を強化して、航空幕僚監部※27や航空総隊※28といった上部組織から現場の戦闘機部隊を指揮する機能、あるいはレーダーサイトや指揮所などを結ぶ通信網の管制機能といったところを強化したとされている。

2009年からは、BADGEの後継となるJADGE※29(Japan Aerospace Defense Ground Environment)システムに移行している。これは情報源を多様化したところや、弾道ミサイル防衛まで対象に

※25:データリンク
各種の武器や戦闘システム同士が相互に情報を交換する目的で使用する、無線データ通信のこと。

※26:BADGE
バッジと読む。日本語の名称は「自動警戒管制組織」。航空自衛隊が初めて導入した防空指揮管制システムで、基本的な考え方はSAGEシステムと同じ。ただし、実は米海軍のNTDSが開発のベースになっている。1980年代半ばに、能力向上を図った新BADGEシステムに置き換えられ、さらにJADGEシステムに代替わりした。

※27:航空幕僚監部
航空自衛隊の中枢となる組織。まず、軍政、つまり人員の募集・教育訓練・補職(人事)や、予算の計画作成・執行などといった組織の管理運営を司る。また、軍令、つまり組織を実際に動かして任務を遂行する作戦指揮も受け持つ。ただし近年では陸海空の統合運用が進んできたため、陸海空の各幕僚監部は、人員と装備を調えて統合部隊に差し出す方向性が強くなってきた。

※28:航空総隊
航空自衛隊のうち、戦闘機、早期警戒機、偵察機、地対空ミサイルといった「実戦部隊」を束ねる組織。過去には別系統だった救難部隊も、2013年3月から航空総隊の隷下に入った。

※29:JADGE
ジャッジと読む。2023年現在、航空自衛隊が使用している現役の防空指揮管制システム。防空だけでなく、ミサイル防衛に関わる機能も取り込んでいる。

※30：AWACS
エーワックスと読む。日本語では「空中警戒管制機」。早期警戒機に情報処理用のコンピュータや多数の管制員を加えて、空飛ぶレーダーサイトと空飛ぶ指揮所を兼ねられるようにした機体。

含めたところが進化ポイントといえる。もちろん、コンピュータが新しくなって性能が向上している分だけ、処理能力が向上しているだろうし、扱える情報の種類や数も増していると考えられる。

BADGEシステムの時代と比べるとレーダーの性能が上がっているし、地上のレーダーサイトだけでなく、E-2C早期警戒機やE-767 AWACS[※30] (Airborne Warning And Control System) 機といった空中レーダーからの情報も得られるようになったので、それに対応する必要もある。

航空自衛隊の空中警戒管制機E-767。背中に背負ったお皿（ロートドームという）の中に、レーダーのアンテナが収まっている

探知目標をチェックするコンピュータ

通信網が何をするか、という話は分かりやすい。各地に設けたレーダーサイト、あるいは早期警戒機やAWACS機との間を結ぶデータ通信網を使って探知・識別・追尾情報を受け取る必要があるからだ。では、その情報を受けたコンピュータは何をするか。

探知した飛行物体が正体不明機であれば、それが領空侵犯する可能性があるのか、するとしたらいつ頃、どの辺で、といったことを考えなければならない。それが分からないと要撃すべきポイントが分からず、スクランブル発進させた戦闘機に対して行先を指示できない。

そこで最初に、レーダーの探知・追尾データを利用してベクトルを割り出し、それを延長することで今後の動向を予測する。もちろん、途中で針路や速力を変えてくる可能性があるから、継続的に追いかける。こうすることで、自国に向かってくる機体なのか、そうでないのかを区別できる。

それに加えて、探知した飛行物体の正体を知る必要がある。そのためには、事前にフライトプランを提出している機体かどうかを知る必要があり、民航機の管制を担当している部署なりシステムなりにアクセスして、照会を行うことになる。いちいち電話でやっていたら手間も時間もかかるし、言い間違い・聞き間違いの可能性もある。コンピュータ同士で会話をする方が速くて確実だ。

もちろん、レーダーに併設している敵味方識別装置（IFF）の情報も識別に利用できる。探知した機体がIFFインテロゲーターによる誰何に対して適切な応答をしないときが問題だ。

海の上では艦隊防空

ここまでは国土の防空に関する話だった。つまり防空の対象は動かないので、探知手段にしても指揮統制の手段にしても、地上に固定的なインフラを用意すれば済む。では、海の上はどうか。艦隊防空は味方の艦艇や商船を護衛する。

発端は日本軍の特攻機

さて、米海軍が艦隊防空の体制について真剣に考えるきっかけを作ったのは、太平洋戦争の末期に日本が送り込んだ特攻隊（特別攻撃隊）である。実のところ、レーダーと無線通信と戦闘機を活用した米海軍の防空網に阻まれた特攻機が多く、日本側が期待したほどの戦果は挙がらなかったのだが、それでも米軍は「このままではまずい」と考えたわけだ。

まして、戦後はジェット機時代で飛行機の速度が速くなった。いいかえれば、来襲を探知してから対応行動をとるまでの時間的余裕が減った。しかもその後には対艦ミサイルまで登場した。ミサイルは航空機より小型だから探知が難しい。

そこで米海軍が取った手は、大きく分けると二種類ある。ひとつは艦対空ミサイルの開発で、いわゆる「3T」（射程が長い方から順にタロス、テリア、ターターという名前だったので、頭文字をとってこういう）がそれである。

※31：NTDS
米海軍が開発した指揮管制システムで、SAGEのような、陸上設置の防空指揮管制システムと同様の機能を、洋上の艦隊に対して実現するのが目的。陸上では通信手段として電線を使えるが、艦艇はバラバラに動いているため、有線では通信できない。そこで無線データ通信、いわゆるデータリンクが導入された。このNTDSを改良・発展させたACDS（Advanced Combat Direction System）もある。

ターター艦対空ミサイル。スペルは“Tartar”で、実は「タルタルソース」の「タルタル」と同じだ

もうひとつが本稿の本題で、情報処理のコンピュータ化と、データリンクによる情報共有の実現だった。それが1954年に計画をスタートさせたランブライト計画、後の海軍戦術情報システムNTDS[※31]（Naval Tactical Data System）である。

基本的な考え方はこうだ。個々の艦にコンピュータを搭載して情報処理を担当させる。レーダーが探知した敵機の位置情報はもちろん、味方の艦や航空機に関する位置情報なども、そのコンピュータに送り込んで管理・表示させる。ただし、情報の収集や処理を個々の艦で完結させるのではなく、艦同士をデータリンクでつないで情報をやりとりすることで、艦隊を構成するすべての艦が同一の状況図（pictureという）を見られるようにする。後に早期警戒機が配備されたので、これもネットワークに加えることになった。

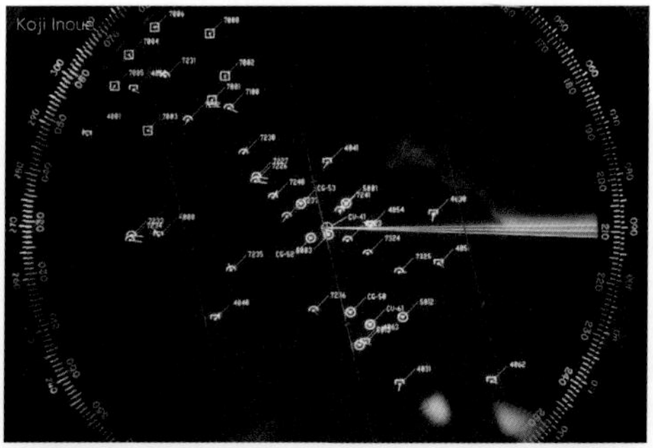

NTDSの画面表示例。探知目標の種類や敵味方の区別によってシンボルの形を変えて、区別がつくようにしている

艦隊の集合写真。実戦ではこんなに近接して航行することはない。艦隊を構成する艦同士がデータ通信を介して情報を共有すれば、全員が同じ“画”を見られる

洋上ならではの難しさ

こうしてみると、艦隊防空をコンピュータ処理する際の基本的な考え方は、先に取り上げたSAGEシステムと似ている。しかし、場所がアメリカ本土から、洋上を移動する艦隊に変わっただけ…　というほど簡単な話では済まない。

まず、軍艦は陸上と比べるとスペースに限りがあるから、コンピュータのサイズをできるだけ小さく、軽くまとめる必要がある。今ならともかく1950年代の話だから、当然ながら真空管[※32]の時代である。場所はとるし、電気は食うし、発熱は大きい。ただし幸いなことに、周囲に水だけは大量にあるから、艦載コンピュータでは水冷式になっているものが少なくない（最近ではそうでもないかも知れない）。

もうひとつの問題は通信手段。SAGEならレーダーサイトも防空指揮所も陸上にあるから、有線の通信線で結べばよい。ところが、軍艦は洋上を移動しながら交戦するから、電線を引っ張るわけにはいかず、無線通信が必要である。しかも、必要な情報をやりとりできるだけの伝送能力を持たせる必要があるし、戦闘指揮の要となるものだから妨害にも強くないと困る。もちろん、敵が通信に割り込んできて贋情報を流してくるようでも困る。

ということで、それらをクリアするべくコリンズ社が開発したデータリンクが「リンク11」だ。極超短波[※33]（UHF：Ultra High Frequency）と短波[※34]（HF：High Frequency）を使用するもので、伝送能力はHF使用で1,364bps、UHF使用時で2,250bps。1980年代末期に使われていたアナログモデム[※35]並みである。

そんな時代のことだから、当然ながらコンピュータの性能にしても、今の目から見れば、まるで「大したものではない」。だが、それでも一応、艦隊防空のための戦術情報処理装置として機能することはできた。

進化を続ける海軍の防空システム

ところが、これで「めでたしめでたし」とはならない。対艦ミサイルの脅威は増す一方である。

※32：真空管
内部を真空にした管の中に電極を封入した電子デバイスで、陰極から陽極に流れる電子流を制御することで、増幅、検波、整流、発振などの機能を実現できる。トランジスタの出現前にはこれしかなかった。

※33：極超短波（UHF）
UHF波。電波のうち、周波数が300MHz～3GHzのもの。短波と違って電離層で反射されずに突き抜けてしまうので、遠距離通信には向かない。もっぱら近距離用。テレビ放送でもおなじみ。ちなみに超短波と呼ばれるVHF波も同じ特徴を持つ。ただし周波数は30～300MHz。

※34：短波（HF）
HF波。電波のうち、周波数が3～30MHzのもの。大気圏の上層にある、電離層と呼ばれる部分で電波が反射されるため、地面や海面と電離層との間で電波がジグザグに反射されながら遠方まで伝わる。そのため、遠距離の通信やラジオ放送で多用されていた。

※35：アナログモデム
音声通話しかできないアナログ電話回線を用いてコンピュータ同士がデータをやりとりするために、「1」「0」の並びで構成するデジタル・データを音の信号に置き換えたり（モジュレーション、変調）、それを元のデジタル・データに戻したり（デモジュレーション、復調）したりする機器。モデムという言葉は「モジュレーション」と「デモジュレーション」をくっつけた造語。

※36：イージス戦闘システム
→60ページ参照。

※37：SSDS
米海軍の空母や揚陸艦が装備している、自艦防御用の指揮管制システム。艦隊全体の防空はイージス艦の仕事だが、撃ち漏らしが自艦に向かってきたときに、自艦が備える艦対空ミサイルなどを用いて交戦する際の指揮を司る。

※38：NIFC-CA
ニフカと読む。艦艇や航空機が持つ探知機能をネットワーク経由で組み合わせることで、直接には見通せない遠方まで交戦可能範囲を拡大する技術・運用形態の総称。

小型のミサイルが海面スレスレを飛翔してくれば、探知が困難になるので、やっと探知したと思ったら近所まで来ていたということになる。また、大型のミサイルが超音速で飛翔してくれば、探知は早いタイミングでできても、速度が速いので時間的余裕は減る。しかもそれらが、一度に四方八方から大量に飛来する可能性も考えなければならなくなった。

そこで、1990年代になると、NTDSを発展させたACDS（Advanced Combat Direction System）が登場したほか、イージス戦闘システム[※36]の開発や改良にも話がつながっていく。米海軍の空母や揚陸艦は、対艦ミサイルからの自衛を実現するためにSSDS[※37]（Ship Self Defense System）を装備した。このほか、2010年代には艦対空ミサイルの交戦可能範囲を水平線以遠まで拡大するNIFC-CA[※38]（Naval Integrated Fire Control-Counter Air）を開発するなど、攻撃側と防御側が終わりのないイタチゴッコを展開している。NIFC-CAは話題になることが多いが、本書の本題からは外れてくるので、割愛させていただく。

地上軍を護る野戦防空

続いてのお題は野戦防空である。タイトルを見るとなんだか物騒だが、要するに「地上軍が移動しながら交戦するときに、その頭上をどうやって守るか」という話である。

地上軍の天敵は航空機

特に第二次世界大戦の後半から確定的なものになった話ではないかと思われるが、強力な地上軍があっても、頭上を敵機が跳梁していたのでは有意な戦力とならない。地上軍が姿を現して、それが敵軍に発見されれば、たちまち戦闘爆撃機や地上攻撃機が飛んできて袋叩きにされる。

第二次世界大戦における実例を見ると、西部戦線における英空軍のタイフーン（ユーロファイターではなくホーカーの方）や米陸軍航空軍のP-47サンダーボルト、東部戦線におけるソ連空軍のIl-2シュトルモビクなど、地上部隊を叩きのめして名を挙げた戦闘機や襲撃機はいろいろある。おっと、ドイツ軍にもHs129やJu87スツーカといった機体があったか。

今は、「戦車の天敵」というと真っ先に、対戦車ミサイルを積んだ攻撃ヘリコプターが連想されそうだ。写真は米海兵隊のAH-1Zヴァイパー

ましてや、今は米空軍のE-8 J-STARS[※39] (Joint Surveillance Target Attack Radar System)、北大西洋条約機構NATOがAGS[※40] (Alliance Ground Surveillance)計画の下で配備したRQ-4Dフェニックス無人機などといった戦場監視機があるから、天気が悪くても夜間でも空から地上軍の動向を監視できる。これらの機体は合成開口レーダー[※41] (SAR：Synthetic Aperture Radar) を装備しており、それによって上空から地表のレーダー映像を得ている。継続的に監視していれば、動く目標を見つけ出せる。

もちろん、味方の戦闘機を繰り出して敵機を追い払ってもらうに越したことはないが、戦闘機はひとつところにとどまり続けることができない。燃料や兵装を使い果たしたら基地に戻らないといけないし、天気が悪ければ飛べなくなるので、フルタイムで頼りにできるかどうか分からない。

そこで、地上軍も自前で対空兵器を持ち歩き、自らの頭上を守る必要に迫られる。そこで野戦防空という話が出てくる。

車に載せた対空兵器がついていく

野戦防空の特徴は、対象となるエリアがさほど広くない一方で、それが移動することが前提になっている点にある。防空のための構成

※39：J-STARS
ジェイスターズと読む。レーダーを用いて、地上の車両の動静を把握するシステム。または、そのシステムを載せたE-8C戦場監視機の名称。E-8Cの機上には管制官も乗っていて、その場で地上軍に対して敵軍の動向を知らせることができる。

※40：AGS計画
J-STARSと同種のシステムを、NATO諸国が共同で調達・運用する目的で立ち上げられた計画。実現できる機能は同じだが、こちらはレーダーを無人機に載せており、探知データはすべて地上に送る点が異なる。

※41：合成開口レーダー
英語ではSARで、サーと読む。レーダー・アンテナを移動させながら、その移動を利用することで実際のサイズ以上に大きなアンテナと同じ状態を擬似的に作り出して、高解像度のレーダー映像を得る手段。レーダー・アンテナが移動していなければ実現できない。

※42：射撃管制レーダー
砲やミサイルを撃つ際に用いるレーダー。目標を捕捉・追尾して動きを知る機能が基本だが、ミサイルを誘導するための電波を出す使い方もある。

要素は市街地や重要施設における固定的な防空とそんなに変わらず、以下のような面々になる。

●対空捜索レーダー
●地対空ミサイル
●対空機関砲
●ミサイルや機関砲の射撃管制レーダー※42

ミサイルと機関砲を併用する方が望ましいのは、重層化のため。高いところを飛ぶとミサイルに狙われる、それを避けようとして低空に舞い降りると対空機関砲に狙われる、という図式にすれば、敵機にとっては居場所がなくなる（かもしれない）。どちらか一方しかないと、逃げ場所が残る。

もしも可能であれば、地対空ミサイルは低空をカバーする短射程のものと、高空をカバーする長射程のものと、二段構えで欲しい。そこまでやると、さらに層が厚くなる。もっとも最近では、対戦車ミサイルや誘導爆弾の発達により、敵機が頭上どころか機関砲の射程内にも近付いてくれない傾向が強まっているので、対空機関砲の出番は減ってきているかも知れない。

自走式対空機関砲の例・陸上自衛隊の87式自走高射機関砲。後ろの方にレーダーがついているのが分かる

いずれにしても、自分がカバーする範囲に見合った捜索レーダーと射撃管制レーダーを持つのが基本である。目標を捕捉・追尾して狙いをつけたりミサイルを誘導したりするには射撃管制レーダーが必要だが、そちらの方が高い精度と分解能を必要とするので、使用する電波の周波数が高い。

これらの機材はできるだけ、車載化して移動しやすくする。そうしないと地上軍の移動についていけず、仕事にならない。

ネットワーク化して広域をカバー

野戦防空は基本的に自己完結型というか、ミサイル発射機（あるいはそれらを束ねた高射隊）、あるいは対空機関砲が、自前のレーダーで目標を捕捉・追尾して諸元を割り出し、手元のミサイルや機関砲を使って交戦する図式になる。

ところがそれだと、敵機が近くまで来てから「それっ」と対応する形になるので時間的余裕に乏しいし、敵機を自前のレーダーで探知できないと困ったことになる。そこで、外部の探知手段とネットワークを組んで連携させる場面が増えてきた。

具体的にいうと、高性能の対空捜索レーダーを別に用意して、それが捜索を担当する。対空捜索レーダーが敵機の飛来を探知したら、ネットワーク経由で地対空ミサイル部隊や対空砲の部隊にデータを送り、そちらで交戦させる。この方が時間的余裕が増すし、探知漏れの可能性を抑えられると期待できる。

たとえば、2015年11月12日にアメリカ・ニューメキシコ州のホワイトサンズ・ミサイル試験場で行われた巡航ミサイルの要撃試験。こ

パトリオット地対空ミサイル用のAN/MPQ-53レーダー

右手にいるのがAN/MPQ-64センティネル・レーダー。自走はできないが、車輪はついているのでトラックで牽引できる

のときには、AN/MPQ-64[※43]センティネルというレーダーが対空捜索を担当した。交戦は、日本でもおなじみのMIM-104[※44]パトリオットで実施した。パトリオットにもAN/MPQ-53という捜索/射撃管制レーダーがあるが、このレーダーは回転式ではないのでカバーできる範囲に限りがあるし、低空を飛来する巡航ミサイルの探知にはセンティネルの方が強い。

そこで、低空を飛来するMQM-107標的機をセンティネルが探知して、そのデータをIBCS[※45]（Integrated Battle Command System）という指揮管制システムに引き渡す。IBCSが脅威の評価や武器の割り当てを受け持ち、IFCN[※46]（Integrated Fire Control Network）なる通信網を介してパトリオットの高射隊に指令を送り、PAC-3を撃って交戦するというしくみだ。

つまり、個々のパトリオットの高射隊が個別に交戦するのではなく、その上に捜索レーダーと指揮管制システムの「帽子」をかぶせて、統一指揮の下で連携させている。情報通信技術の発達によって、初めて可能になったことである。

なぜ防空が真っ先にシステム化されたか

野戦防空はいささか事情が異なるが、本土防空や艦隊防空は、歴史的に見ても真っ先にシステム化の動きが生じた。なぜか。

それは、陸戦や海戦と比較すると航空戦は状況の変化が速いからだ。飛行機が飛ぶ速度は、第二次世界大戦当時のものであっても、陸・海と比べて一桁速い。単純にいえば、状況が変化する速度も一桁速い。そうなると、変化する状況をいち早く捉えて、対応しなければならなかったのだ。しかも、カバーすべき範囲は広い。目で見て対応できる範囲ではないから、「どうやって状況を把握・提示するか」が問題になる。それを解決しないと、的確な状況判断と意思決定ができない。

そして実際に、航空戦の分野でシステム化の流れができたことで、それが他の戦闘空間にも広がっていくこととなった。

※43：AN/MPQ-64
レイセオン・ミサイルズ&ディフェンス社が手掛けている、防空システム向けの対空用多機能レーダー。Xバンドの電波を使用する。

※44：MIM-104
米陸軍がSAM-D計画の下で開発した地対空ミサイル・システム。そこで使用するミサイルの制式名称がMIM-104。航空自衛隊をはじめとして、多くの海外カスタマーも獲得している。もともと航空機に対処するために作られたが、システムの改良と新型ミサイルの搭載により、弾道弾迎撃も可能になった。

※45：IBCS
ノースロップ・グラマン社が防空・ミサイル防衛用として米陸軍向けに開発した指揮管制システム。指揮所を分散化するとともに、レーダーをはじめとする探知手段、地対空ミサイルなどの交戦手段を同じネットワークに接続することで、配置を分散しながらも連携して動作する防空網を構築する。

※46：IFCN
IBCSを構成する、指揮所、レーダーなどのセンサー、地対空ミサイルなどの武器を相互に接続するためのネットワーク・システム。

第2部
指揮所と指揮のシステム化

第1部では、C4ISRという言葉のイントロと、
陸・海・空の防空戦闘において戦闘指揮が
紙の地図からコンピュータに移り変わった様子を概観した。
続いて第2部では、戦闘指揮のシステム化について、
指揮所の立場から掘り下げてみる。

※1：指揮所
指揮官と、指揮官を補佐する幕僚などが陣取って、戦闘あるいは作戦の指揮を執る場所のこと。昔は紙の地図と電話ぐらいしかなかったが、今はコンピュータが不可欠になっている。

航空戦の指揮所に関する昔話

航空戦の指揮については、「防空」の観点から、第1部で取り上げた。ただしそちらでは「指揮所※1」の話があまりなかったので、ここではその話を詳しく掘り下げてみたい。

航空戦の指揮における特徴

指揮所に指揮官がいて、全体状況を見ながら、必要なところに必要な戦力を差し向ける。これができないと任務を達成できないのは、陸海空のいずれも同じだ。ただし航空戦の指揮には、陸戦や海戦にはない特徴がある。

それは、指揮官が状況を目視で把握しながら指揮するのは非現実的、というところ。第1部で書いたことの繰り返しになるが、戦の道具として見たときの航空機の特徴は、「スピードが速い」「行動範囲が広い」「三次元の動きをするので戦場が立体化する」の三点。いずれも、目視による状況把握を阻害する要因となる。そもそも、数百キロメートルも離れた場所、あるいは何千メートルも上の高空の状況を、目視で的確に把握するのは無理な相談だ。

また、航空機は地上に縛り付けられているわけではないから、通信手段は無線機しかない。編隊を組んでいる航空機同士なら、翼を振って合図するとか、手先信号で合図するとかいう手も使えるが、距離が離れれば使えない。

これらの条件を考慮すると、航空戦の指揮を有効に機能させるには、状況認識と情報整理を支援する手段が不可欠だ。それはすなわち、レーダーとコンピュータである。なにも航空戦の指揮に限らず、民間も含めて航空管制の分野が同じことになっている。

レーダーを用いて、カバー範囲内を飛行しているすべての飛行物体の動静を把握する。そして、IFFや二次レーダーを用いて敵味方を識別するとともに、高度などの情報も得る。それらのデータをコンピュータに投入して整理した上で、ディスプレイに状況図として表示する。航空戦の指揮を執る指揮所には、これらの機能を実現するためのインフラが必要になる。

第二次世界大戦ドイツ空軍の「戦闘オペラハウス」

これらは今なら実現可能な話だが、まだコンピュータが影も形もなかった第二次世界大戦の初期にはどうしていたか。レーダーはあったが、情報を表示する機能は人間が代行するしかない。

そこで英空軍は前述したように、地図の上に置いた駒を棒で動かしていた。それに対して、独空軍は違う方法を使った。具体的には、ガラス板にライトを当てる方式にした。この辺は、「迅速に必要な手段が得られて、結果が出れば良い」と割り切るイギリスと、テクノロジーにもこだわりがちなドイツの違いが出たといえるかも知れない。

では、そのライトはどうやって操作するのか。なんと担当の女性スタッフをたくさん雛壇に並べたのだ。それぞれ担当のレーダー基地が決まっていて、電話で探知報告を受けると、それに基づいて手でライトを動かした。指揮官は、それを反対側から見るわけだ。人呼んで「戦闘オペラハウス」。

そこから先は英独とも似たようなもの。指揮官は地図やガラス板を見ることで、どこからどれだけの敵機が侵入してきているかを把握する。それを基に、指揮下の戦闘機部隊に対して発進を命じたり、どれを迎撃するかを指示したりする。

もっとも、中央の指揮所に情報を一元的に集約するのはいいとして、すべての機体に対する指揮をそこからやるのは、あまり現実的ではない。実際には、カバーすべき範囲を複数のセクターに分けて、それぞれにサブの指揮所を置くことになろうか。中央の指揮所は全体状況を見るが、セクターごとの指揮所は担当セクターの状況だけに専念する。この辺の考え方は、今の防空指揮管制システムでもそんなに変わっていない。

攻勢航空戦だったらどうするの?

ここまでは、第二次世界大戦における英独の話を引合いに出した関係もあり、防空指揮管制の観点から話を書いてきた。しかし実際

※2：攻勢航空戦
こちらから敵地に乗り込んでいって攻勢を仕掛ける航空戦の形態。

※3：VHF/UHF
→33ページ参照。

の航空戦は防空戦だけではない。こちらから敵地に出て行く攻勢航空戦[※2]もある。

その場合、地上に状況把握のためのインフラを設置するわけにはいかない。自国軍機の動静を感知するためのレーダーサイトを敵国内に設置する、なんていったら笑い話だ。また、洋上の航空戦では、いつ、どこで戦闘が発生するか分からない。だから第二次世界大戦中は、作戦計画を立てて、指揮下の機体を敵地に向けて出撃させたら、後はじっと待っているしかなかった。

理屈の上では、個々の機体と無線でやりとりして状況を把握したり、指令を飛ばしたりする手も考えられる。ところが、敵地に侵入すればそれは地平線の向こう側、見通し線の圏外に出てしまうから、VHF/UHF[※3]通信機は役に立たない。HF[※3]通信機を搭載していれば見通し線圏外でも通信可能になるが、誰も彼もがこれを搭載していたわけではない。第一、専任の無線手が乗っていなければ、遠距離通信まで担当するための人手がいない。

この問題を解決するには、地上・洋上にインフラがないところでも使える探知手段が必要になる。

空飛ぶ指揮所と地上の指揮所

防空指揮管制であれば、レーダー基地にしろ指揮所にしろ、地上に固定式の「不動産」があれば済む。しかし攻勢航空戦ではそういうわけにもいかない。となると「空飛ぶレーダーサイト」すなわち早期警戒機の出番となる。

指揮所を空に上げると

早期警戒機が必要とされるところに出張っていけば、そこの空域で起きている状況を知る「眼」を置くことになる。飛行機だから、必要に応じて必要な場所に飛ばすことができて、そこは地上に固定設置するインフラよりも有利だ。

もちろん、貴重な高価値資産である早期警戒機を敵地に突っ込ませるのは避けたいが、半径数百キロメートルの範囲をカバーできれば、自国あるいは友好国の領内からでも、ある程度の監視はできる。直近の事例を挙げると、東欧のＮＡＴＯ加盟国上空を飛んでいるNATO諸国の情報収集資産(もちろん、それには早期警戒機も含まれるだろう)がウクライナ国内の状況を見て、情報をウクライナ側に伝えている。

早期警戒機のレーダーで得た情報をデータリンク経由で地上の指揮管制システムに送れば、指揮所の立場からすると、目が届く範囲が広がる形になる。そこから考え方を一歩進めて、早期警戒機自体に管制能力を持たせて管制員を乗せれば、より現場に近いところで指揮をとれる。

それがすなわち、早期警戒管制機(AEW&C※4：Airborne Early Warning and Control)であり、先にも言及した空中警戒管制機(AWACS)である。この両者は主として、管制能力の違いによって区別されるが、明確な閾値(しきいち)※5があるわけではない。メーカーがAWACSだといっていればAWACSである、みたいな話になっている。もっとも実際のところ、AWACS機として広く認められているのは、E-3セントリーと、セントリーと同じ機材を使う航空自衛隊のE-767ぐらいか。

E-3Cセントリー空中警戒管制機(上)と、横田基地で公開されたときの機内(下)。横に3台並んでいるのが、管制員のコンソール。これが何列もある

※4：AEW&C
早期警戒管制機と訳される。機上に管制官を乗せて航空戦を指揮する機能を持たせた早期警戒機だが、AWACS(空中警戒管制)機ほどの管制能力は持たない、との位置付け。当節のたいていの早期警戒機はAEW&C機である。

※5：しきい値
「境界」となる数値のこと。変化する数値、あるいは範囲に幅がある数値群に対して、意味や条件の違いを判定するために設定する。

ただし地上の指揮所と異なり、全体状況を表示するための大きなディスプレイを狭い機内に置くのは、無理な相談。だから、指揮官は指揮官用コンソールをひとつもらって、そこに全体状況を表示させる形になるのだろう。

E-3の古いモデルなら機内が一般公開されたことがあるから知っているが、同じ形態のコンソールがいくつも並んでいるだけで、壁一面の大きな画面なんてものはなかった。そのコンソールの数の多さは、E-3の管制能力のハイレベルぶりを思わせるものであったけれども。

コンピュータ化で指揮所が変わった

では、地上の指揮所はどうか。コンピュータが導入されて、コンソールの画面を見るようになったのは、こちらも同じである。指揮管制の原則的な部分は変わらないにしても、コンピュータが中心になったシステムを導入すれば、当然ながら指揮所の風景は変わる。コンピュータ化すれば、指揮所にはコンピュータの端末機やディスプレイが並ぶ。その辺の事情は、SAGEシステムでも、その後に各国で登場したさまざまなシステムでも、大きな違いはないし、我が国も例外ではない。すると、指揮所はさながら「地球防衛軍」のごとき様相を呈することになる。

これはなにも軍隊の指揮所に限った話ではないのだが、状況表示の手段をどうするかについて、ふたつの流派があるように見受けられる。ひとつは、大きな画面に状況表示を行い、居合わせた全員がそれを見る形。もうひとつは、個人個人にそれぞれディスプレイを用意して、担当するエリア（セクター）に限定して状況表示を行う形。

もっとも、指揮官は全体状況を見なければならないから、指揮官用のディスプレイとセクター担当者のディスプレイでは、表示する範囲が違ってくるだろう。全体状況を見る人と、個別の状況を見る人とでは、必要とする情報が違うから、そうなる。

すると最適解は、全体状況を表示するための大きなディスプレイと、個人個人がそれぞれ自分の担当分野の状況を見るためのディスプレイと、両方を置く形となる。その一例が、カタールのアル・ウデイ

アル・ウデイド基地のCAOC。左側の壁面上部に、全体状況を把握するための大画面がある。さらに、個人単位でそれぞれディスプレイを持っている様子も分かる

ド基地に設置された、米空軍の作戦指揮所（CAOC[※6]）。「地球防衛軍」化した指揮所の、ひとつの典型といえる。

こうした指揮所が、広いエリアの航空作戦をまとめてカバーしている。アル・ウデイド基地のCAOCは、シリア~イラク~アフガニスタンまでのエリアをカバーしている。

ヨーロッパに場が変わると、ドイツにあるNATOのCAOCから、バルト三国上空で実施している対領空侵犯措置任務までカバーしている。そんな真似ができるのは、指揮所とレーダーサイト網と個々の航空基地を結ぶネットワークが整備されているから。

といっていたら、面白い写真を見つけた（次ページ）。アル・ウデイド基地のCAOCで機材の入れ替えをやることになり、いったん機材を取り払った状態の写真で、撮影は2020年10月とのこと。

右側に並んでいる各国の国旗や、その付近に置かれている什器類は同じもののようだから、同じ場所の写真とみて間違いなさそうだ。コンピュータ機器だけでなく、机もキャビネットもいったんどけて大掃除をして、そこに新しい設備を導入するという話だったらしい。「過

※6：CAOC
Combined Air Operations Centerの略。NATOが加盟国を一元的にカバーする形で設置している、航空戦のための指揮所。ドイツのウエーデムとスペインのトレホンにもある。

去10年間の技術の進歩により、CAOC自体の改良と、より分散化した環境が実現可能になる」との説明。それはそうだろう。

模様替えのために機材をすべて取り払った、アル・ウデイド基地のCAOC

海軍における旗艦

2021年9月4~8日にかけて米海軍の横須賀基地に、英海軍の空母「クイーン・エリザベス※7」が寄港した。このフネは2021年の1月から、英海軍の艦隊旗艦を務めていたことがある。ちなみにその前は、2018年3月から2021年1月まで、揚陸艦※8「アルビオン」が旗艦を務めていた。その間、2018年8月に晴海に寄港して一般公開を実施しているから、読者の皆さんにも、「アルビオン」を訪れた方がいらっしゃるだろう。

2021年9月8日に横須賀を出航、浦賀水道を南下する「クイーン・エリザベス」

「クイーン・エリザベス」の前の英海軍艦隊旗艦は、この「アルビオン」だった

※7：クイーン・エリザベス
イギリス海軍が2隻を建造した新型空母のうちの1番艦。カタパルトや着艦拘束装置は持たず、F-35Bを短距離滑走発艦・垂直着陸で運用する。また、ヘリコプターも運用できる。2021年9月に来日した。

※8：揚陸艦
兵員、車両、物資などを搭載して運ぶとともに、それらを港湾設備が整っていない場所で陸揚げするための装備を備えた軍艦。陸揚げの手段としては、船（揚陸艇）とヘリコプターがある。

ところで旗艦とは

「旗艦」とは何か。本来はネイビー用語だが、民間でも使われることがある。

よくあるのは、家電量販店のチェーン店などを対象として、規模や売上が大きいエース格の店舗を「旗艦店」と称するものだ。また、カメラ業界でも最上級モデルを「フラッグシップ機」と呼ぶ。「旗艦」の原語はflagshipだし、日本語訳でも「艦」とつくのだから、本来は軍艦のことである。そしてもともとの定義は、「司令部または司令（官）が乗艦する艦」である。そして、「ここに指揮官がいるぞ」と示すために指揮官旗を掲げるから、旗艦という。

軍艦は商船と異なり、複数の艦が集まって集団行動をとるのが基本。そこで船頭が複数いたらフネが山に登るから、一人の指揮官が全体の指揮を執る。それが司令、あるいは司令官。この二つの肩書きの使い分けは国や時代によって違うが、一般的には、規模が小さい組織のボスは司令、規模が大きい組織のボスは司令官という。同種の艦を複数集めて編成する「隊」レベルなら司令だが、艦隊レベルになると司令官、というのがひとつの目安だろうか。なお、いちいち両方書くのは面倒なので、以後はまとめて司令と書く。

ついでに余談を書くと、同じ「しれい」でも、鉄道事業者で運行管理を担当する人は「指令」というのが一般的だ。その場合、運行管理を司る施設の名称も「指令所」という。ところが何事にも例外はあるもので、東急電鉄では「司令」「司令所」というそうだ。おっと、閑話休題。

司令は一人だけで任務を果たしているわけではなく、業務をサポートするためのスタッフ（幕僚）を引き連れている。幕僚の仕事としては、作戦、情報、兵站、通信、暗号、庶務などがある。そして、司令と幕僚、幕僚の補佐を担当する要員などが集まって構成する組織が司令部（headquarter）となる。

そして、その司令部が乗り込んで隊や艦隊の指揮を執る艦が旗艦である。司令が一人だけで仕事をするなら、司令が乗る艦が旗艦ということになるが、実際には一人でできる仕事ではないので、実情としては司令部が乗る艦となる。

※9：戦艦
いわゆる水上戦闘艦のうち、口径が30〜50cm程度の大口径砲を備えるとともに、自艦が備える砲に対抗できるぐらいの防御力を持たせた軍艦。ミサイル時代となった現代では絶滅している。大きく重い砲と、防御力を充実させるための分厚い装甲板を備えるため、巡洋艦ほどの速度は出ないのが普通。英語ではbattleship。

※10：巡洋艦
いわゆる水上戦闘艦のうち、口径が15〜20cm程度の中口径砲を備える軍艦。その名の通り、速力と航続距離の長さを特徴としており、平時には海外植民地の警備で主役を務めていた。英語ではcruiser。さらに、15cm径ぐらいの主砲を備える軽巡洋艦（light Cruiser）と、20cm径ぐらいの主砲を備える重巡洋艦（heavy cruiser）に分類される。

どの艦を旗艦にするか

昔は、隊や艦隊を構成する艦の中でも、最大・最強の艦を旗艦にするのが一般的だった。たとえば太平洋戦争中の大日本帝国海軍・聯合艦隊であれば、開戦時は戦艦※9「長門」、1942年2月から戦艦「大和」になり、その後の1943年2月に同型艦の戦艦「武蔵」が引き継いだ。

ここまでは分かりやすいが、1944年5月になって事情が一変する。聯合艦隊の司令部が、旗艦を軽巡洋艦※10「大淀」に移したからだ。その後、1944年9月から聯合艦隊司令部は陸に上がり、神奈川県の日吉に陣取ることとなった。「最大・最強の艦を旗艦にする」という分かりやすい常識からすれば、なんとも腑に落ちない話ではある。では、他の事例はどうか。

同じ太平洋戦争中のこと。聯合艦隊司令部が「大淀」から指揮を執った「あ号作戦」では、対峙した米海軍第5艦隊の司令部は重巡洋艦「インディアナポリス」に乗っていた。その後、聯合艦隊司令部が日吉に移って指揮を執った「捷一号作戦」では、対峙した米海軍第3艦隊の司令部は戦艦「ニュージャージー」に乗っていた。戦艦はまだ分かるが、主役は空母部隊である。ましてや重巡洋艦が旗艦と聞くと、「なんで?」となってしまう。

そこから数十年後。筆者が大学生の頃の話だが、米海軍の第7艦隊旗艦が揚陸指揮艦（いまは指揮統制艦という）「ブルー・リッジ」と知って、最初は「???」となったものだ。当時、横須賀に前方展開していた空母は「ミッドウェイ」だったが、その「ミッドウェイ」ではないのだ。

日露戦争の頃みたいに、目視できる範囲内で戦闘が完結していた

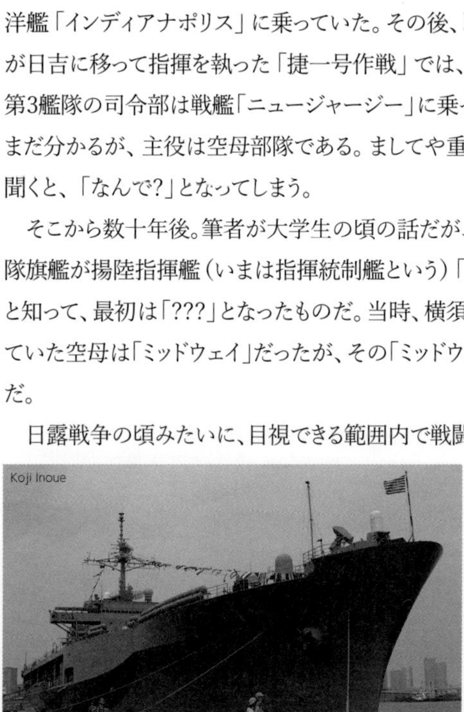

米海軍・第7艦隊の旗艦は指揮統制艦「ブルー・リッジ」。見た目は「いくさフネ」っぽくないが、耳と頭脳で任務を果たす艦である

●司令と艦長の役割分担

隊や艦隊の指揮をとるのは司令だが、司令の仕事はあくまで、隊あるいは艦隊として何を達成するかを命じること。その命令を実行するために個々の艦の指揮を執るのは、艦長である。

なお、潜水艦は事情が少々異なる。潜水艦は隊として行動するのではなく、個艦で動くのが基本。組織としては、複数の潜水艦を集めて「潜水隊」を編成していても、実際の任務行動は個艦が単位。だから、潜水隊の司令が指揮下の艦に乗り込むことがあっても、司令が艦長に代わって指揮を執ることはしない。司令の仕事はあくまで、艦長の働きぶりを見たり、指導したりすることだという。

時代であれば、指揮下にある艦のうち最大・最強の艦に司令部を乗せる、ということで何も問題はなかった。大きな艦の方が艦内スペースに余裕があるから、固有の乗組員以外に司令部の要員がゾロゾロ乗り込んできても、収容したり、指揮所を設けたりする余地はある。そして、その旗艦に司令が指揮官旗を掲げて艦橋に陣取り、指揮下の艦に対して「我に続けぇ!」とやれば用が足りた。

しかしである。航空機の登場で海戦の範囲が広がるとともにスピードが速まり、さらに潜水艦なんてものまで出てくると、戦場は広範囲かつ立体的になる。つまり目視できる範囲内だけの話では済まない上に、大量の情報を取り込んで迅速に意思決定しないといけなくなる。そのことが、旗艦に求められる機能の変化につながった。

その「旗艦に求められる機能」が本書で扱っていくテーマと直結している。まず海の上の話から始めるが、その次は陸・空の話も取り上げてみる。

米海軍が旗艦にしたフネ

もう少し、米海軍の艦隊旗艦について見てみる。

「ブルー・リッジ」を俯瞰したところ。上甲板が真っ平らで、そこにアンテナ類が並んでいる様子が分かる

※11：ウェルドック
揚陸艦が備える陸揚げ設備のひとつ。後部の船体内に確保する大きな空間をウェルドックといい、使用する際には艦尾を少し沈降させるとともに、注水する。これで、ウェルドックに収容している揚陸艇は自力航行で出入りできるようになるので、その揚陸艇に兵員や車両や物資を載せて送り出せば陸揚げが可能。

太平洋の西半分からインド洋までを担任海域としている第7艦隊の場合。1970年代にはミサイル巡洋艦「オクラホマ・シティ」（通称オキ・ボート）が旗艦を務めていたが、1979年10月以降は、例の「ブルー・リッジ」が旗艦を務めている。もう1隻、同型艦の「マウント・ホイットニー」があるが、こちらは地中海を担任海域とする第6艦隊の旗艦を務めている。

過去の話になるが、米海軍はドック型揚陸艦「ラ・サール」を改造して、1972年から2005年にかけて指揮艦として運用していた。これは1983年から中東方面で指揮艦としての任務に就き、中東を担当する第5艦隊が発足した後は、そのまま第5艦隊旗艦となった。

なぜ揚陸艦が指揮艦に化けたのか。おそらく、車両や物資を大量に輸送するためのスペース、そして揚陸艇を収容するためのウェルドック[※11]といった具合に、艦内に大きなスペースがあり、所要の人員・機材を載せる余地があった事情が大きいと思われる。とはいえ、既存の艦を後から別の用途に転用したわけだから、何らかの妥協があっても不思議はない。その最たるものが、通信用アンテナの設置場所と電波干渉の問題ではなかったか、と推察している。

それと比べると、もともと指揮艦として通信・指揮管制能力を充実させているブルー・リッジ級の方が有利である。同艦はヘリコプター

こちらはドック型揚陸艦を指揮艦に転用した「ラ・サール」。アンテナの設置には制約がありそうだ

揚陸艦の船体設計を利用して建造したため、上甲板は真っ平らで、中央部に艦橋構造物と煙突が立っているだけだ。だから、多数のアンテナを林立させられるだけのスペースがある。それに、アンテナ同士の電波干渉を避けるために配置に工夫する必要が生じたとき、設置の自由度が高いと思われる。

つまり、「通信機能を充実させるためには多数の通信機が必要」→「すると、多数のアンテナが林立する」→「その多数のアンテナの間で干渉が発生しないように、配置に工夫する余地がある艦が良い」という理屈だ。

旗艦に求められる機能

さて、「旗艦」と、そこに乗り込む「司令」「司令部」の概要を解説したので、次は旗艦に求められる能力の話に移る。ひらたくいえば、司令や司令部が仕事をするためには何が必要か、という話だ。

スペースだけが問題ではない

先にも触れたように、固有の乗組員以外に司令や幕僚やその他のスタッフが乗り込んでくるわけだから、旗艦はその分だけ追加のスペースを必要とする。重巡洋艦や戦艦や空母といった大型艦ならまだしも、小型の艦だとそんなスペースはない。だから昔は、複数の駆逐艦[※12]で編成する駆逐隊の旗艦にするため、司令部を乗せるためのスペースを追加した「嚮導駆逐艦（きょうどうくちくかん）」という艦を造った事例もあった。

※12：駆逐艦
魚雷を積んで襲撃してくる小艇（水雷艇または魚雷艇）を追い払う目的で造られた軍艦がルーツで、そのため当初は水雷艇駆逐艦と呼ばれた。その後、単に駆逐艦と呼ばれるようになり、主力艦や輸送船などを護衛する汎用性のある軍艦と位置付けられた。英語ではdestroyer。主な相手は水上艦や潜水艦で、速力は比較的速く、口径が10～15cm程度の小口径砲、魚雷、潜水艦を攻撃するための爆雷を搭載した。その後、武器の多くがミサイルに置き換わっている。
現代では、さまざまな任務に対応できる汎用的な水上戦闘艦ばかりになり、それが国によって駆逐艦と呼ばれたりフリゲート（frigate）と呼ばれたりしている。

※13：CIC
日本語では「戦闘情報センター」という。軍艦の艦内に設置される戦闘指揮所で、レーダーをはじめとする各種センサーの探知情報を表示する機器や、武器を制御して交戦するための機器を設置する。指揮の対象は自艦が装備する武器に限られる。海上自衛隊ではCDC（Combat Direction Center）と呼ぶことがある。

※14：FIC
複数の艦が集まって「隊」を構成したときに、その「隊」全体を指揮するための指揮官と、それを補佐する幕僚が陣取る場所。指揮所という意味ではCICと似ているが、指揮の対象に違いがある。

今の海上自衛隊だと、ヘリコプター護衛艦「ひゅうが」「いせ」「いずも」「かが」の4隻には、個艦の戦闘指揮を執る戦闘情報センター（CIC[※13]：Combat Information Center）とは別に、司令部が使用する指揮所として旗艦用司令部作戦室（FIC[※14]：Flag Information Center）を設置している。また、災害派遣任務などに際して拠点とする「多目的区画」もあるが、これは旗艦としての機能とはあまり関係なさそうだ。

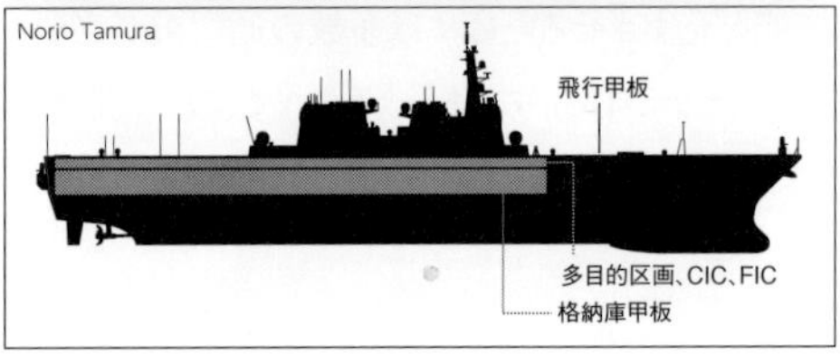

海上自衛隊のヘリコプター護衛艦「ひゅうが」。このクラスと、次の「いずも」型はいずれも、飛行甲板と格納庫甲板の間に1層の甲板があり、そこに多目的区画、CIC、FICなど、さまざまな区画を配している

CICとFIC、どちらもかなり広いスペースをとっており、状況表示用のスクリーンやコンソールが並ぶ光景だけなら似ている。しかし、この両者は指揮の対象が違うのだ。CICは個艦の戦闘指揮、FICは艦隊全体の戦闘指揮を執る場所である。なお、FICとは、別に幕僚事務室や司令の居室も用意されている。小さな艦だと、司令が乗ってきたときに専用のスペースがなく、艦長が居室を明け渡すこともあるが、これぐらい大型の艦になるとそんなことはない。

ただし実際には、場所だけ用意すれば済むという問題ではない。旗艦に求められる本当に重要な機能は、通信と情報処理の能力である。それがなければ状況把握ができないし、状況把握ができなければ適切な意思決定も命令もできない。

通信機と指揮統制システム

まず通信。「ひゅうが」型にしろ、その次に出てきた「いずも」型に

「ひゅうが」のアイランド。この艦にとって本当に重要なのは、アイランドや飛行甲板の周囲に櫛比しているアンテナ群である

しろ、ついつい空母型の外見に気をとられてしまうが、むしろ重要なポイントは各所に櫛比（しっぴ）するアンテナ群だ。

艦艇が搭載する通信機は、大きく分けると以下のような陣容になる。

●近距離・見通し線圏内で使用するVHF/UHF通信機
●遠距離・見通し線圏外で使用するHF通信機
●遠距離・見通し線圏外で使用する衛星通信機

衛星通信機も周波数帯[※15]の違いにより、UHF、Xバンド、Kaバンド、Kuバンド、Cバンド、Lバンドといった種類があり、複数を併用している艦は多い。海上自衛隊の場合、自国向けの衛星通信システムに加えて、米海軍のUHF通信衛星と接続するための通信機も備えている艦が少なくない。相互運用性という課題は、こういうところに現れる。

通信機の種類は他の護衛艦も大して違わないが、旗艦では「個艦の通信」に加えて「司令部の通信」が加わるから、その分だけ通信能力を強化しなければならない。有り体にいえば、通信機とアンテナの数が増える。「急いで通信する必要があるのだが」「こちらの通信が終わるまで待ってください」では仕事にならない。

しかも、遠く離れた本国の上級司令部とやりとりしたり、情報を共有したりする場面もある。となれば特に衛星通信の能力を強化する必要がある。だから当節では、指揮統制能力が優れている艦ほど、衛星通信用と思われるアンテナ・ドームがたくさん載っている。

通信は情報や指令をやりとりする手段だが、その情報を整理して提示、意思決定に資する仕掛けも当然ながら必要となる。それがいわゆる艦載指揮管制装置だが、これも個艦の戦闘指揮に使用するシステムと、司令部の指揮統制に使用するシステムでは対象が異なるので、機能に差異が生じる。

※15：周波数帯
電波とは電磁波が振動する「波」の形をとって伝搬するものだが、その波の頻度を示す言葉。単位はヘルツ（Hz）で、秒間何回、という意味。英語ではband（バンド）。ちなみに音波も振動する「波」で、単位は同じHzだが、こちらは電磁波ではなく大気や水が対象になる。

単に、複数の艦をまとめて動かすとか、あるいは全体的な戦況把握が重要になるとかいうだけの話ではないだろう。司令部レベルになると補給の問題も扱わなければならないから、そちらの要素も入ってくると思われる。また、水上艦、潜水艦、航空機の情報をバラバラに扱うのでは仕事にならないから、統一的に状況を把握して、指揮するための仕掛けも要る。

特に、「ブルー・リッジ」みたいに両用戦の指揮を執るための艦は大変だ。両用戦は陸・海・空にまたがる複雑な作戦だから、その分だけ仕事が増える。そのため、上陸作戦の指揮統制を専門に担当する区画とシステムを設けてある。そういう道具立てを備えている点が買われて、「ブルー・リッジ」が第7艦隊の旗艦を務めているのだといえる。

上級司令部が陸に上がる理由

ところが困ったことに、状況を把握したり指令を出したりするために通信機から電波を出すと、それを傍受・逆探知されるリスクがついて回る。通信内容を読まれたら一大事だから暗号化するのは当然だが、電波の発信源を知られるだけでも問題だ。「ここに我が軍の総大将がいます」と敵軍に告知する事態になりかねない。

実は、上級司令部が陸に上がるようになった一因が、この点にある。もちろん、「通信技術の発達によって、遠く離れた本国の指揮所からでも状況の把握や命令の下達が可能になった」という事情もあるが、それだけでなく、「陸地にいる方が、より仕事がしやすい」一面もあるわけだ。

実際、海上自衛隊の護衛艦隊も、かつては「護衛艦隊旗艦」を1隻持っていたが、今はいない。もっとも、専属の護衛艦隊旗艦を用意する代わりに、司令部が海に出る必要が生じたときには、充実した指揮通信能力を備えるヘリコプター護衛艦を使えば良いのだが。

意外なポイントは発電機と空調換気

アンテナは外から見えるし、艦型の違いも外から見れば分かる。その辺の話は理解しやすいが、実はもうひとつ、通信・指揮管制能力を充実させようとしたときに重要なポイントがある。

いまどきの旗艦は、多数の通信機を載せるだけでなく、情報処理のために多数のコンピュータも載せなければならない。そして、その多数のコンピュータを結ぶ艦内ネットワークも構築しなければならない。すると何が起きるかというと、艦内に積み込まれる「電気製品」の数が増える。

市中の建物では電力会社から電気を買ってくるが、洋上を走り回る艦艇が電力会社から電気を買うことはできない。だから、艦艇はみんな、航行用の主機に加えて発電機を搭載している。そして、艦上に搭載する「電気製品」の数が増える一方なので、発電機に求められる能力も増える一方だ。

たとえば、海上自衛隊のヘリコプター護衛艦を見てみよう。以前に第1・第2護衛隊群の旗艦を務めていた「しらね」型は、1,500kWの発電機を2基、載せていた。それに対して、現用の「ひゅうが」型は2,400kWの発電機を4基も載せている。3,000kW対9,600kWだから、3.2倍である。単に艦が大きくなったというだけの話ではなく、そこで動作する「電気製品」が増えたので、こんな話になった。

発電機の数が増えれば、それを動作させるための燃料も所要が増える。すると、これが艦型を大型化したり運用経費を増やしたりする一因になる。

また、「電気製品」の数が増えれば、発熱も増える。当然、空調換気の能力も強化しなければならない。データ・センターのサーバ室でキンキンに冷房が効いているのと同じである。おまけに艦艇の場合、NBC※16 (Nuclear, Biological and Chemical。核・生物・化学兵器のこと)対策として、艦内を密閉できるようにしなければならないから、それだけ空調換気システムはややこしいことになる。

そして、搭載する「電気製品」は艦の寿命中途で何回も載せ替えることになるし、機器が変われば設置スペースの所要も変わってくる。ムーアの法則からすれば、新型の機器になったら小型化されそうなものだが、実際には能力向上や新たな機器の追加が発生して、スペースの所要は増える一方というオチであろう。そして、単に場所を確保するだけでなく、出し入れのしやすさ、メンテナンスのしやすさも

※16：NBC
核兵器(nuclear)、生物兵器(biological)、化学兵器(chemical)の頭文字。

考慮したいところだ。

電気製品が増えて、発電機や空調換気の負担が増す事情は、どんな艦艇でも多かれ少なかれ存在する。しかし、旗艦を務めるような艦になると、要求水準が一気に上がってしまう。だから、米海軍はブルー・リッジ級の後継艦について検討した際に、既存艦の転用ではなく、専用の艦を造る前提で検討していたようだ。

軍艦の戦闘指揮所

ここまで、俯瞰的に「艦隊の指揮を執る旗艦と、そこで求められる機能」についてまとめてきた。そこから一段階、ミクロ的なレベルに踏み込んで、個艦の戦闘指揮について見てみる。

かつては艦橋で指揮を執っていた

日本海海戦の模様を描いた有名な画があるが、それを見ると、聯合艦隊の東郷司令長官や部下の幕僚は、旗艦「三笠」の露天艦橋で指揮を執っていた様子が分かる。また、太平洋戦争を描いた戦争映画を見ると、やはり司令官や艦長は旗艦の艦橋から指揮を執っている。

ところが、同じ太平洋戦争において日本海軍と対峙したアメリカ海軍では、指揮官が艦橋ではない場所に陣取るようになってきていた。その場所とは、先にも言葉だけは出てきた、戦闘情報センター（CIC）である。

CICはその名の通り、戦闘指揮に関わる情報が集中する場所で、彼我の位置情報をグリース・ペンシルで書き込むボードやレーダー装置のディスプレイを設置しており、さらに見張員からの口頭での報告も、他の艦から無線で入ってくる報告・連絡・指令も、みんなCICに集中する。そして、敵情に関する情報が入ってくると、それを逐次、担当の乗組員がボードを書き換える形で反映していく。現在ならコンピュータの画面で行うところだが、なにせ1940年代の話だから、ボードに手書きというわけだ。

余談だが、CICという名称が一般的であるものの、戦闘指揮所（CDC：Combat Directoin Center）と呼んでいるネイビーもある。

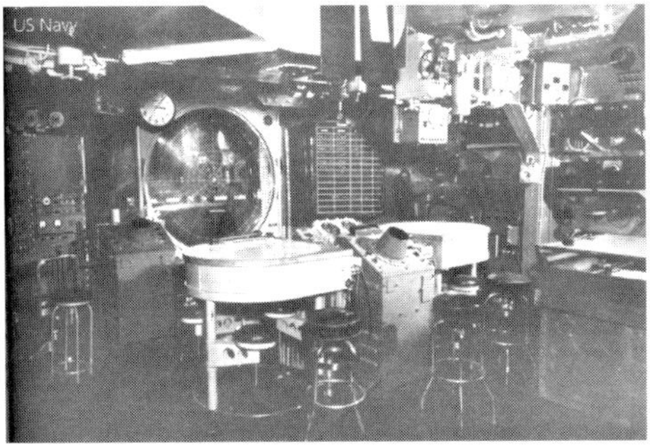

第二次世界大戦中に造られた米海軍の軽空母「インディペンデンス」のCIC。1990年代に横須賀に前方展開していた空母とは、同名の別物だ

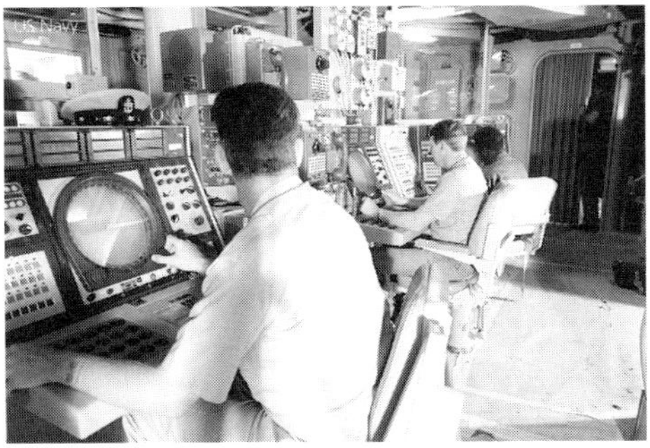

時代は下って、スプルーアンス級駆逐艦のCIC。1970年代のテクノロジーだから、使われているコンソールも時代相応

第二次世界大戦の後、軍艦ではCICから戦闘指揮を執る形が一般的になった。つまり、戦闘指揮の中枢が艦橋からCICに移り、艦長や司令官もCICに詰めるようになった。もしも操艦指示が必要になったときには、CICから艦橋に電話で指示を出す。また、CICでとりまとめた状況を表示するためのコンソールを艦橋に置くこともある。

CICが必要になった理由

では、どうしてこういった変化が生じたのか。結論からいえば、艦橋から指揮を執るのでは限界があり、状況認識の観点からいって具合が悪かったのである。「艦橋に所定の機器を設置しても同じでは？」と考えそうになるが、実際はそうではない。

艦長や指揮官が、自ら双眼鏡で目視できる範囲内で海戦が行われていた時代であれば、艦橋から指揮を執ることには合理性がある。艦長や指揮官以外にも見張員がいるが、これもやはり艦橋ないしは

※17：対潜戦
潜水艦を見つけて狩りたてたり、追い払ったりする戦闘のこと。

※18：対水上戦
水上を走る艦船を対象とする戦闘のこと。

※19：対空戦
空中から飛来する航空機やミサイルを対象とする戦闘のこと。ただし一般的に、弾道ミサイルは含まない（巡航ミサイルは含む）。

※20：ソナー
SONAR。もともとはSOund NAvigation Ranging、つまり音響を用いた航法・測距機能という意味の頭文字略語だったが、現在はそれが一般名詞化している。水中では電波が通らないため、代わりに音響を用いた探知を行う仕組みで、聞き耳を立てるだけのパッシブ・ソナーと、魚群探知機のように自ら音波を出すアクティブ・ソナーがある。アクティブ・ソナーはレーダーと同様に、反射波が戻ってくることで探知を成立させる。

その周辺に陣取っているから、見張員からの報告を受け取るには艦橋にいる方が都合がいい。

それに、昔の海戦では武器（つまり砲）の射程が短かったから、目視可能な範囲内で話が完結することが多かったし、ときには自艦を直接、敵艦にぶつけて沈めることもあった。そうなると、操艦指示がそのまま交戦の指示になるから、艦橋から指揮を執る方が理に適っている。

ところが、艦隊が展開する海域が広くなり、さらに航空機が加わったことで、海戦を行う戦闘空間が一挙に広くなった。もはや艦橋から目視できる範囲内では完結しない。おまけに、対潜戦[※17]（ASW：Anti Submarine Warfare）・対水上戦[※18]（ASuW：Anti Surface Warfare）・対空戦[※19]（AAW：Anti Air Warfare）と、軍艦が受け持つ任務が多様化して、センサーや武器も多様化した。目視に加えてレーダー、ソナー[※20]、航空機、他の味方の艦といった具合に、情報ソースも多様化した。しかも、目視範囲外からもさまざまな情報が流れ込んでくる。つまり、流れ込んでくる情報の量が増える上に、対象は広く、情報が入ってくる頻度は高くなる。

そして軍艦の艦橋というところは、限られたスペースにさまざまな機器と人が詰め込まれていて、スペースの余裕がない。昔は「操艦指揮≒戦闘指揮」だったが、両者の独立性が高くなり、しかもセンサーや武器の高度化・多様化が進んだ。そうした事情を考えれば、戦闘指揮の機能を独立させてCICという形にする方が、理に適っている。

指揮管制装置の登場

情報の量が少なく、更新頻度がさほどでもなければ、透明ボードにグリース・ペンシルで手書きする方法でも対応できる。しかし、情報が増えて更新頻度が上がれば話は別。それに加えて、情報をより「見やすい形」で提示することも求められる。こうなるともう、手書きでは対処しきれない。

前述したように、センサーの種類や情報源が多様化すれば、多様な、ときには錯綜した情報を、いかにして迅速に整理して艦長や指揮官に提示するか、という課題が生じる。情報は入って来ないより入っ

イージス巡洋艦「バンカーヒル」のCIC。奥の方に大型ディスプレイが見える

※21：グリース・ペンシル
色鉛筆のうち、芯にワックスを多く含んだもの。芯が柔らかく、表面がツルツルしたものに対しても書けるほか、書いたものを布などで容易に拭き取れるのが特徴。

て来る方がいいが、その情報を的確に利用できなければ意味がない。大量の情報が流れ込んできて捌ききれなくなり、状況認識ミスから判断ミス・意志決定ミスにつながれば、それは敗北への第一歩である。

そこで、初期のCICで用いられていた「ボードとグリース・ペンシル[※21]」の機能をごっそりコンピュータ化して情報の提示や意志決定支援といった機能を受け持つようになったのが、現代の指揮管制装

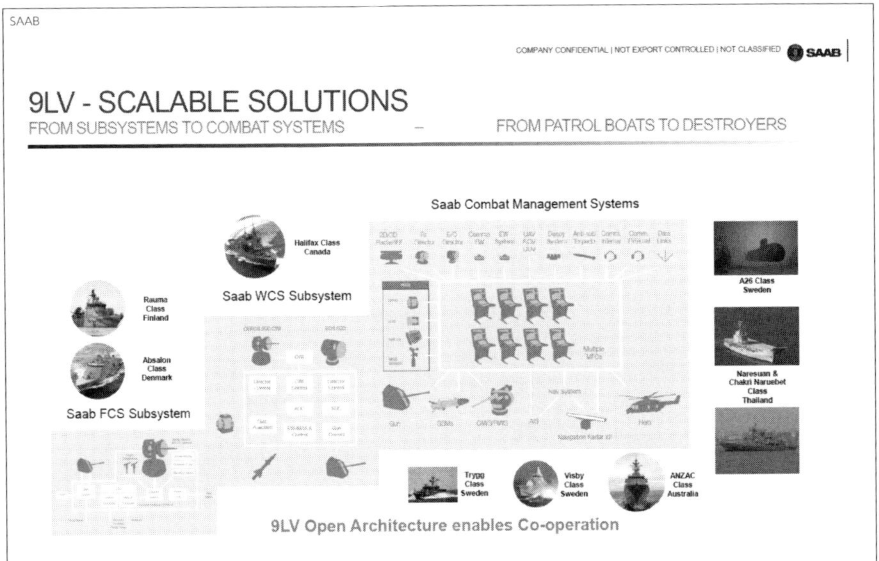

艦載型の戦闘管制システム、「サーブ9LVシリーズ」の紹介資料。このシリーズは、「射撃指揮システム」「武器管制システム」「指揮管制システム」の三段構えが特徴。大きなスペースをとっているのが指揮管制システムの部分で、中核となるコンピュータ群がレーダーや各種武器とつながっている様子が分かる

置となる。

各種のセンサーからの情報をすべてコンピュータに取り込み、状況図を生成して画面に表示する。指揮官はそれを見ながら、指揮下の艦を動かしたり、航空機を飛ばしたり、交戦の指示を出したりする。だから、艦長・指揮官向けに、全体状況を提示するための大きなディスプレイを設置するのが、一般的なCICのスタイルだ。

戦闘システムの構成は一般的に、情報を集約する「頭脳」となる指揮管制装置が中心にあり、それと接続する形で個々のセンサーや武器システムを設ける。そして、個々のセンサーや武器についてはそれぞれ、操作を担当する人員が必要になる。そこで、操作用のコンソール[※22]（操作卓）を個別に用意して、それもCICに並べて担当者をつけることになる。

指揮管制装置による脅威評価・武器割当

初期のシステムでは、指揮管制装置は情報のとりまとめと表示を行うだけだった。そこで、艦長が状況を見て「ここを飛んで来る、この航空機がもっとも大きな脅威になりそうだから、交戦しろ」といった按配に指示を出す。それを受けた担当者が艦対空ミサイルの射撃指揮システムにデータを手入力して交戦する。と、そんな流れになる。

しかしこの方法では、「何が脅威になるか」「どの武器を使って交戦するか」を人間が判断しているし、交戦のためのデータ入力も手作業だ。時間がかかるし、間違いが入り込む可能性もある。そもそも、脅威の数が増えたら対処しきれない。

そこで、脅威評価や武器割当をコンピュータに受け持たせるようになった。それを極めたシステムが、イージス戦闘システム[※23]のうち対空戦闘を受け持つイージス武器システム[※24]だ。このシステムは、レーダーで捕捉・追尾した多数の探知目標について、脅威度が高そうな順番に優先順位をつける。そしてSM-2艦対空ミサイルを発射して交戦する。

優先順位をつけるといっても簡単ではない。その判断をどのように行うか、これはコンピュータのソフトウェアづくりにも関わる重要な問題なので、後で改めて詳しく取り上げることとしたい。

※22：コンソール
武器システムを操作するための操作卓。キーボード、スイッチやダイヤル、計器やディスプレイ装置などといったもので構成する。主として艦艇で用いられる用語。

※23：イージス戦闘システム
イージス武器システムに、対空戦闘以外の用途で使用する各種の武器やセンサーを加えたもの。それにより、イージス艦は対空のみならず、対水上・対潜など、多様な任務に対応できる。

※24：イージス武器システム
イージス戦闘システムのうち、対空戦闘を行う中核部分のこと。高性能レーダーによって多数の空中目標を同時に探知・捕捉・追尾するとともに、その中から脅威度が高い目標を選び出して優先順位をつけた上で、艦対空ミサイルを用いて交戦する。完全自動交戦も可能。

潜水艦の戦闘指揮はちょっと違う

ここまで書いてきたのは水上戦闘艦の話である。半分余談みたいになるが、潜水艦では事情が違うので、その話も。

潜水艦の場合、「艦橋」というとセイル(艦の上部に突き出した構造物のこと)のトップにある場所のことだが、ここは浮上航行時しか使わない。潜航すると、艦内にある発令所[※25]が艦の頭脳となる。そして、艦長は発令所に詰めて指揮を執る。

潜水艦にはCICみたいな区画はなくて、発令所の一方に操舵・潜航関連の機器を、反対側に兵装関連のコンソールを並べるスタイルが一般的だ。つまり、操艦の指揮を執る場所と交戦の指揮を執る場所を、発令所が兼ねている。

潜航中の潜水艦が情報を得る手段といえば、ソナーと潜望鏡が双璧だ。まず、潜望鏡は発令所の中央に陣取っている。最近はこれがデジカメ化して、映像をディスプレイ表示する事例が増えている。こうすると、何人もの眼で同時に潜望鏡の画を見られる。

ソナーを担当するソナー員は、発令所に隣接した独立区画のソナー室に陣取ることが多い。しかし、ソナー員を発令所に置く事例もあり、最近の海上自衛隊の潜水艦もそうなっている。

ちなみに、広島県呉市の「海上自衛隊呉資料館」(てつのくじら館)を訪れると本物の潜水艦を展示しているが、そこでは本物の発令所も見ることができる。ここで書いた話を頭に入れてから現地を訪れると、艦内の仕組みを納得しやすくなるかも知れない。

陸戦の指揮所と指揮車

しばらく「海の上」の話が続いたところで、今度は「陸の上」に話を移す。陸戦における指揮所には、洋上とは違った難しさがある。

陸戦では指揮所が動く

よほど上級の司令部になれば話は違ってくるが、陸戦における基

※25:発令所
潜水艦の中枢となる区画。潜航・浮上・操縦に関わる機能、航海に関わる機能、そして戦闘に関わる機能が、すべてこの区画に集中している。アメリカ海軍の潜水艦では攻撃センター(attack center)と呼ぶ。

※26：指揮通信車
指揮所の機能を車両の中に組み込んだもの。これにより、理屈の上では走りながら指揮を執ることができる。指揮官と幕僚が陣取るスペースと、情報を得るためのコンピュータ機器、そして通信装置が充実している。

本的な特徴として「指揮所は移動することが前提」である。指揮下の部隊が走り回っているのだから、それに併せて指揮所も移動しないといけない。前線から遠くなれば状況の把握は覚束なくなるし、指揮を執るにも具合が良くない。

では、どうしたか。指揮官と幕僚とその他の要員は車両に乗って移動する。そして、「ここを指揮所とする!」と決めたら、そこに車両を駐めて、テントを張って、通信機のアンテナを立てて、指揮所を「店開き」する。戦況が変化して、指揮下の部隊が移動していったときには、その指揮所を「店じまい」して、新たな場所に向けて移動する。

もっとも、走りながら指令を発する場面もあるから、それに備えた用意もある。陸上自衛隊には「指揮通信車※26」と呼ばれるカテゴリーの車両があるが、他国にも似たような事例はある。たとえば米陸軍であれば、M113兵員輸送車をベースにしたM577指揮車がある。旗艦が司令部のためのスペースを必要とするのと同様に、指揮車も車内のスペースを広くする工夫をしていることが間々あり、M577は屋根を嵩上げしている。

右手にいるのが米陸軍のM577指揮車。後ろ半分の屋根を嵩上げしてスペースを稼いでいるほか、衛星通信用のアンテナを追加装備しているようだ

また、米海兵隊にはＡＡＶ７水陸両用装甲車をベースにした、AAVC7という通信車がある。M577は車体の屋根を嵩上げして車内容積を増やしているが、もともと車体が大柄なAAV7では、指揮車型も同じ車体を使っている。兵員輸送型のAAV7だと車内の左右にベンチを並べているが、AAVC7は無線手、指揮官、幕僚のための席とコンピュータ、そして通信機を車内に設置している。通信機は、VHF/UHFとUHF衛星通信に対応するものがあり、近距離通信にも遠距離通信にも対応できる。また、走行用エンジンを止めても電力を供給

できるように、補助電源装置を増設している。外から見ると、屋根上に立っているアンテナの数が増えている。

Koji Inoue

兵員輸送型AAV7とその車内。この手の車両としては広い部類に属するが（!）、左右に無線手や幕僚や指揮官の席と機器を並べれば、ギュー詰めになるのは容易に想像できる

難しいのは、通信機器の設置場所

ところが、指揮車の車内に入りっぱなしでは作業空間に限りがある。機動しながら指揮を執らなければならない場合は仕方がないが、多数のコンピュータや通信機器を設置したり、地図をテーブルに拡げたりする場面では、指揮所を「店開き」せざるを得ない。

ただし、指揮所に通信機を設置する際には注意しなければならない点がある。漫然と、指揮所の横に通信機とアンテナを設置するのは自殺行為だ。なぜかというと、電波を出した途端に敵軍に逆探知されて、位置を突き止められてしまう。そうなれば、次には指揮所に向けて敵軍の砲弾が飛んでくると覚悟しなければならない。

これを敵軍の立場から見るとどうなるか。相手の指揮官を討ち取ることができれば、それはいわば "首をはねる" ようなもの。指揮官や幕僚がいなくなれば、烏合の衆とまではいわないにしても（そうなるかどうかは、指揮統制の在り方や日ごろの訓練に依存する）、混乱を

米陸軍・第2歩兵師団・第2ストライカー旅団戦闘団が、新しい指揮所機材の検証を目的として実施した演習のひとこま。森の中に指揮所を置けば上空からは見えにくくなるが、敵兵が忍び寄るには都合が良くなってしまう

引き起こして戦闘を有利に運べるのは間違いない。

だから指揮所を設営するときには、通信機は手元に置くとしても、アンテナは離れた場所に設置する必要がある。店開きや店じまいの際に手間が増えてしまうが、身を護るためには致し方ない。そしてもちろん、アンテナの予備も用意しておく必要がある。

陸戦でも、紙の地図からコンピュータへ

艦艇では、指揮管制装置という名のコンピュータが用いられるようになって久しい。陸の上でもコンピュータ化されているのは同様だが、その歩みは海の上よりも遅かったようだ。

湾岸戦争は紙の地図で指揮していた

「ハイテク兵器」が喧伝された1991年の湾岸戦争でも、陸戦についていえば、指揮所のスタイルは第二次世界大戦の頃と大差はなかった。つまり、指揮所を店開きしたら大きなテーブルを設置して、そこに地図を拡げる。そして、地図の上に透明シートあるいはトレーシング・ペーパーを重ねて、そこに指揮下の部隊や敵軍の位置などを書き込んでいく。

地図に直接書き込まないのは、情報保全のため。地図に重ねた透明シートやトレーシング・ペーパーに位置を書き込む方法なら、重ねる位置を正しく合わせない限り、正しい情報にならない。地図に直接書き込んだら、その地図が敵手に落ちたときに情報が筒抜けになり、

昔ながらの陸戦の指揮といえば、「紙の地図とグリース・ペンシル」となる。ただしこの写真は、2021年にウクライナにある平和維持活動センターで撮影されたもの

惨事が起きる。

そして、指揮下の部隊あるいは上級の指揮所・司令部と連絡をとるために、電話や無線機を何台も設置する。近距離なら電話線を架設することもありそうだが、設置に手間がかかるし、店じまいして移動することになれば後片付けが面倒だ。だから、近距離ならVHF/UHFの無線通信、遠距離ならHFの無線通信が主役となろうか。

命令や報告の伝達には時間がかかる

こんな調子だから、命令を下達するにも時間がかかる。最高司令官が「これをやれ」と命じても、それは大所高所から見た大目標だから、それを実現するためには、より細分化された具体的な命令を起案し直さなければならない。

たとえば、軍司令官が「ここの街を占領しろ」と命令したら、それを受けた指揮下の軍団司令官は、指揮下のどの部隊を、どういうタイミングで、どういう風に動かすかという計画を立てて、具体的な命令書にして下達する。そして、軍団司令官は指揮下の師団や旅団に対して、師団や旅団は指揮下の連隊や大隊に対して、そしてさらに中隊や小隊に対して同じプロセスが繰り返されて、それでようやく作戦発起となる。

しかしこれでは、軍司令官のレベルから最前線部隊の指揮官まで話が行き渡るのに、「何時間」どころではなく「何日」もかかってしまう。ただ単に右から左に伝言するだけでなく、下りてきた命令に基づいて新たな計画立案と命令の下達が必要になれば、そういう話になってしまうのだ。

これは、最前線から報告を上げる場面も同じ。当然のことだが、個々の前線部隊は自分の目の前の状況しか見えていない。それをひとつ上の階層の指揮所に報告する。指揮所では、複数の指揮下部隊から上がってきた報告に基づいて、担当区域の状況をとりまとめて上に上げる。その繰り返しだ。これでは、いちばん上にいる司令官のところまで報告が上がるまでに、けっこうな時間がかかってしまう。

すると、実際にはもっと前進したところにいるのに、司令官が自分のところまで上がってきた報告に基づいて「どうしてこんなに進撃が遅いんだ!!!!!」と癇癪(かんしゃく)を破裂させるようなことも起きかねない。いや、実際に起きている。逆に、敵軍が予想外に早く進撃しているときに、その状況の把握が遅れると、対応が遅れて主導権を奪われる。

単なる「右から左」ではない故、命令の下達に時間がかかるのは致し方ない部分はある。しかし、戦況報告を上げるのに時間がかかれば、それは指揮官の状況認識を妨げて、結果として間違った意思決定につながる危険性を内包している。これを迅速化する手立てはないものか。

陸戦指揮のコンピュータ化とネットワーク化

迅速化を実現するには「指揮下の部隊の位置や動向」「偵察隊や各種のISR資産、あるいは指揮下の部隊からの報告によって得られた、敵軍の位置や動向」といった情報の収集・管理・表示をコンピュータ化する必要がある。ただしそれだけでなく、報告を上げたり命令を下達したりする機能、そして意思決定支援の機能についても情報通信技術を活用できないか、という話になる。

指揮所がコンピュータ化されると、こうなる。大画面のディスプレイに地図を表示して、そこに彼我の部隊(ユニット)を示す標識が描かれている様子が分かる

それが一挙に進んできたのが、ここ四半世紀ほどの話である。地図がコンピュータ画面に変わり、指揮統制の作業、あるいは意思決定を支援してくれるコンピュータが導入された。それは専用のハードとソフトを使用するものだけではない。システマティック社の「シータウェア」(SitaWare)シリーズみたいに、汎用的なソフトウェアの形をとるものまで出てきている。

彼我の位置を知る手段の充実

それに加えて、状況認識の手段も進化した。その典型例が、友軍の位置をリアルタイムで知らせてくれるBFT[※27](Blue Force Tracking)である。この場合の "Blue" とは友軍のことだ。GPS[※28](Global Positioning System)をはじめとするGNSS[※29](Global Navigation Satellite System)の整備が進み、端末機の方も小型で安価な製品が普及した。それを無線機に接続することで、リアルタイムの現在位置レポートが可能になる。その情報を取りまとめるのがBFTであり、指揮管制システムはBFTからデータを得れば、指揮下にある全

※27:BFT
「味方部隊の所在を追跡するシステム」という意味。画面上に味方の位置が表示されるので、状況の把握や同士撃ちの回避に役立つ。

※28:GPS
衛星が地表に向けて送信する電波の到達タイミングを基にして、緯度・経度・高度・時刻を高い精度で得られるシステム。衛星は、地球の周囲に6種類ある周回軌道にそれぞれ最低4基を必要とするが、実際にはもっと多くが配備されている。

※29:GNSS
全球測位システムGPSをはじめとする、各種の衛星測位・測時システムの総称。

※30：ROVER
無人機が搭載する電子光学センサーの動画映像を受信して、「最前線からの実況中継」を実現するシステム。英国の自動車や月面で働く探査車などのことではない。

※31：兵科
軍の戦闘部隊について、種類を区分する用語。歩兵、機甲（装甲ともいう）、砲兵、工兵などがある。かつては騎兵もあったが、馬が使われなくなったために実質的に消滅した。

部隊の位置をリアルタイムで把握できる。

さらに、上空に無人機を飛ばして動画を送らせれば、現場の“実況中継”が可能になる。これも状況認識を改善する要素のひとつ。それを実現する受信機としては、ROVER※30（Remotely Operated Video Enhanced Receiver）などが知られている。動画データを無線で受けて表示できれば良いから、専用のハードウェアを用意する代わりに、ラップトップに所要の通信機とソフトウェアを組み合わせても、用は足りる。

実のところ、BFTやROVERだけあっても、地図の代わりを務めるコンピュータだけあっても不十分。状況把握の手段と、情報管理・意思決定支援の手段と、両方が揃って初めて「陸戦指揮の革新」を実現できる。BFTから上がってきた位置情報をグリース・ペンシルで、地図に重ねたトレーシング・ペーパーの上に書き込んでいたら、それはコントである。

一元的なネットワークがほしい

こうした情報化で重要なのは、特定の兵科※31だけ情報化・ネットワーク化して喜んでいてはいけないということ。現代の陸戦は諸兵科連合で動くのだから、歩兵も砲兵も機甲科（戦車）も、みんな同じネットワークにつないで一元的な指揮統制を実現しなければならない。さらに他の軍種まで取り込んでネットワーク化すれば、たとえば航空支援を要請するプロセスを効率化できる。

こうして陸戦の分野でも指揮統制のコンピュータ・システム化が進んできたのが現在の状況である。

第3部
指揮システムとソフトウェア

第1部と第2部では、「指揮管制」そのものに関わる話を主体に取り上げてきた。
そこで必要となる情報の収集・整理・提示を人力で行っていたのでは、
とりわけ状況変化のスピードが速い航空戦に対処できないので、
コンピュータの力を借りるようになったわけだ。
では、そうした機能をコンピュータによってどのように実現するか。
コンピュータはソフトウェアあってのものだから、
これは「どういう動作をするソフトウェアが必要か」という話と同義だ。
それが第3部のお題である。

※1：CMS、BMS
→23ページ「指揮管制システム」参照。

指揮管制装置のお仕事

指揮管制のコンピュータ化により、ウェポン・システムの分野に「指揮管制装置」というカテゴリーができた。ただしこの用語、戦闘空間ごとに少しずつ名称が違う。この業界ではよくある話だ。

海と陸の指揮管制装置

艦艇の指揮管制装置はCMS※1（Combat Management System）と呼ばれることが多いが、陸戦用の指揮統制システムはBMS※1（Battle Management System）と呼ばれることが多い。さりげなく書き分けているが、「指揮管制」「指揮統制」と違えている。

こうした用語の違いは、陸戦の場合には「武器をどう動かすか」よりも「部隊をどう動かすか」の機能が主体になる点に起因するといえそうだ。艦艇はそれ自体がひとつの戦闘単位だから、個々の艦が自艦の戦闘指揮に使用するシステムは、自艦が搭載する武器を動かすためのものとなる。よって、「艦隊」を対象とする指揮統制になると、別のシステムが必要になる。第2部で取り上げた「旗艦」には、そういう仕掛けが求められるわけだ。

［艦艇のCMS］

艦艇における指揮管制装置とは、レーダーやソナーをはじめとする各種センサーから探知データを取り込んで、状況図を描き出した

●FCSの訳語は3パターン

訳語の違いは指揮管制・指揮統制に限った話ではなくて、実は武器の射撃を制御するシステムも、戦闘空間ごとに用語が違う。英語ではFCS（Fire Control System）で同じだが、日本語になると、海では「射撃指揮システム」、陸では「射撃統制システム」、そして空では「火器管制システム」と、慣例的に訳語がバラバラだ。

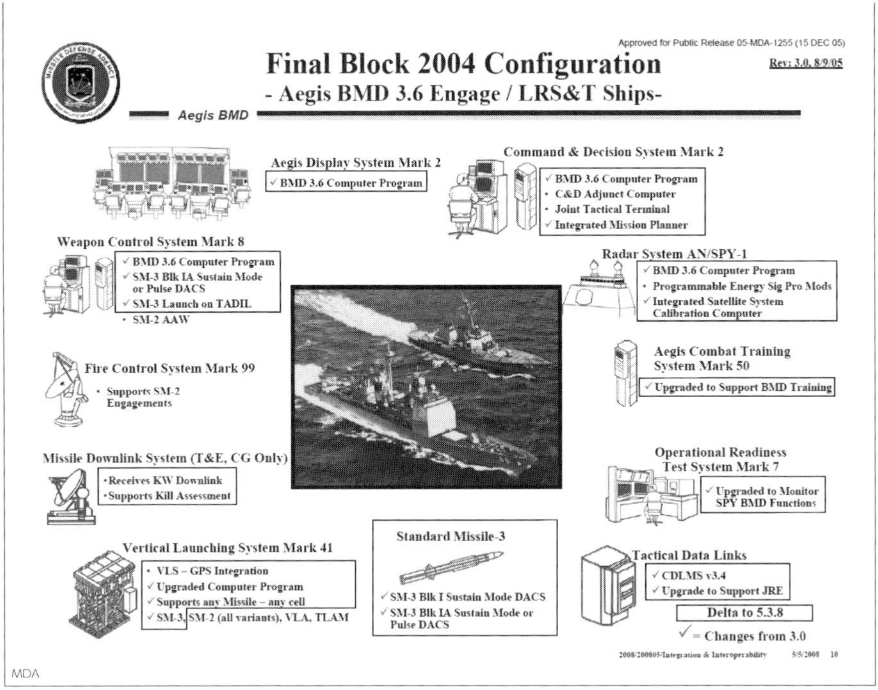

対空戦闘を受け持つ「イージス武器システム」の構成例。左上にディスプレイ・システム、右上にC&Dシステムが描かれている

り、指揮官が交戦に際して意思決定するための支援を行ったりするコンピュータ機器のことだ。もちろん機能・能力には製品ごとに違いがあり、その頂点に位置するのはイージス戦闘システムである。

そのイージス戦闘システムのうち、表芸である対空戦闘を受け持つイージス武器システム（AWS：Aegis Weapon System）には、指揮決定システム※2（C&D：Command and Decision）があり、これが機能の中枢となっている。

そしてコンピュータ画面には、彼我のユニット（艦艇や航空機）の位置情報だけでなく、探知・捕捉・追尾している脅威の情報も現れる。それを見て指揮官が意思決定した上で交戦したり、コンピュータが自動的に優先順位を付けて交戦したりする。

［陸戦のBMS］

では、陸戦はどうか。先にも触れたように、陸戦の指揮統制では「部隊をどう動かすか」が主体となる。

「敵軍が戦車隊を先頭に立てて○○から△△に向かう道路を進撃してきた。一方、指揮下の戦車隊は××にいるので、先回りして△△に向かい、そこで迎え撃つように命令を下達する」とかなんとか、そ

※2：指揮決定システム
イージス武器システムのうち、探知目標の捕捉追尾情報を基にして脅威度と優先順位を割り出す機能を受け持つ部分。C&Dともいう。

んな話をコンピュータ上で実現する。それを昔は紙の地図とトレーシング・ペーパーとグリース・ペンシルでやっていたわけだが、コンピュータ上でやるようになると、それがBMSである。

なお、下達した命令に基づいてどう交戦するかは、個々の部隊や車両乗員の裁量となる。

［空の指揮管制システム］

では空の上はどうかというと、これは陸海の中間というべきか、個々の航空機が単位になる。その辺の話はすでに取り上げているので、ここでは割愛する。

状況図を生成し、共有する

陸海空のいずれをとっても、CMSやBMSなどのシステムが仕事をするためには、まず「状況の把握」が必要である。それをコンピュータにやらせようとすれば、「各種の探知手段から入ってきたデータを、どのように整理統合するか」という話は欠かせない。たとえていえば、「英本土航空決戦」においてフィルター室がやっていた仕事を、どのようにコンピュータ化するかという話である。

共通作戦状況図（COP）と共通戦術状況図（CTP）

関係する皆で共有する状況図のことを、COP[※3] (Common Operating Picture) ということが多い。ここでいう “Picture” とは写真のことではない。ただしこの用語には “Operating” という用語が入ることでお分かりの通り、ひとつの作戦を実施する場面という意味がある。実際、日本語訳は「共通作戦状況図」だ。もっとミクロなレベルになると、CTP[※4] (Common Tactical Picture)、つまり「共通戦術状況図」という用語も出てくる。最前線の「隊」レベル、数隻の艦艇、あるいは十数両の戦車ぐらいで構成するレベルだろうか。

実はこの両者、規模だけでなく情報更新の頻度にも差異がある。CTPは目の前でやっている戦闘に直結するから、リアルタイムで最新の情報を反映してくれないと仕事にならない。それと比べると、

※3：COP
コップと読む。日本語では「共通作戦状況図」という。進行中の作戦の状況、すなわち味方の戦力と、（探知できた）敵の戦力について、所在、状況などを表示する。また、地形・気象・海象の情報も扱う。ただし、実際の状況をリアルタイムに反映するわけではなく、更新は分単位。軍事以外の分野でも活用が進んでいる。

※4：CTP
日本語では「共通戦術状況図」という。COPよりも狭域で詳細。進行中の戦闘の状況、すなわち味方の部隊や艦艇・航空機などと、（探知できた）敵の部隊や艦艇・航空機などの所在、状況などを表示する。ただし、実際の状況をリアルタイムに反映するわけではなく、更新は数秒ないしは数十秒単位。

US Army

CP CE(Command Post Computing Environment)バージョン2を用いて、航空写真に味方ユニットの情報を重畳したもの。米陸軍が実験イベントで試した際のひとこま

COPはリアルタイムとはいえず、だいたい分単位のアップデートとなる。

こうした状況図をシンプルにいえば、「地図上に彼我のユニットの所在やステータス情報を表示して、それを逐次更新する。その図を全員で共有する」という話になる。

作戦図や状況図に限らず、関係者全員で同じ状況認識を実現するには、同じ情報を皆で共有しなければならない。文書ファイルを全員に個別に配布して、個別にアップデートしていたのでは整合がとれなくなるが、それと似ていなくもない。

誰が状況図を生成するのか

口でいうのは簡単だが、リアルタイムないしはそれに近い頻度で最新の情報が反映される状況図を、どのように生成するか。探知を受け持つセンサーも、そこから得た情報を活用する友軍のユニットも、それぞれ複数あって、かつ物理的に分散しているとなると、簡単そうに見えて簡単ではない。

分かりやすいのは、データのとりまとめ役をひとつ置くこと。陸上でも艦上でも空中でも、センサーからの探知情報を集約して状況図を生成するシステムをひとつ用意して、みんなそこに情報をアップロードする。これなら分かりやすい。英空軍が「フィルター室」でやっていたことは、まさにこれだ。

しかし、その「とりまとめ役」が機能不全を起こしたり、敵軍にやられたりすれば、それでもう状況図を生成する機能が崩壊する。この辺の事情は、コンピュータ業界でいうところの、分散処理と集中処理の比較に似た部分がある。

全員が同時に同じ状況図を生成する

では、特定の誰かさんに機能を集中せずに、分散配置したセンサー群からの情報を重畳して状況図を生成することは可能なのか。理屈の上では可能である。

そこで問題になるのがネットワークの構成と、そこにおけるデータの流れ。スター型のネットワークを構成して「とりまとめ役のところに情報を集約する」のではなく、メッシュ型のネットワークを構成して「誰かが送信したデータは、その場で関係する全員に届く」ようにする方法も考えられる。

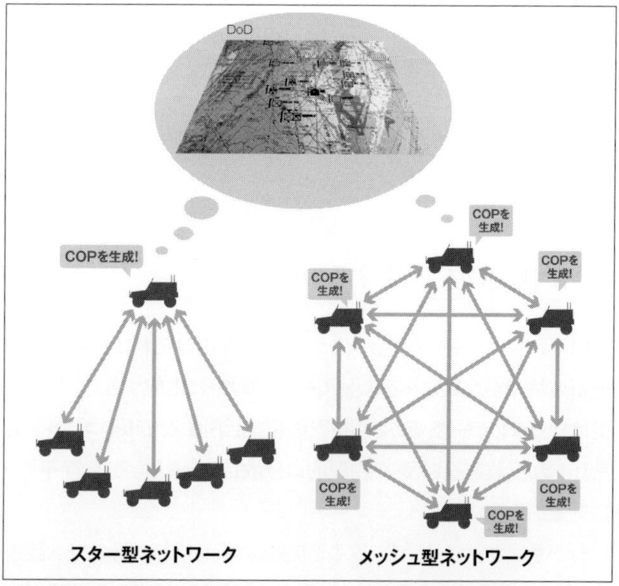

スター型のネットワークとメッシュ型のネットワークによる共通状況図生成のイメージ

ただしその場合、データを受け取った個々の当事者がそれぞれ独自に状況図を生成することになるので、それで果たして整合がとれるのか、という問題が出てくる。現実問題として、米海軍のCECではそれを実現しているのだが。では、その「生成」はどういうプロセスで実現するか。

分かりやすいところで、複数のレーダーで得た探知情報を集めて状況図を生成する場面を考えてみる。

レーダーで得られる情報は、個々のレーダーの設置位置を起点とする、方位・距離・高度(三次元レーダーの場合)、つまり相対的な位置関係を示す情報になる。ということは、それだけでは地図上に絶対的な位置をプロットすることはできない。レーダーの自己位置情報に、そこを起点とする相対的な位置情報を加味することで初めて、探知目標の絶対的な位置が分かる。

やり方としては、個々のレーダーから「自己位置情報」と「方位・距離・高度の情報」を送信する手も考えられるが、データを受け取った側の処理負担が増えてしまう。送信する前に探知目標の位置を計算して、絶対位置を送信する方が、データ量が少なくて済むし、間違いも起こらないだろう。

そうやって送られてきたデータをすべて重ね合わせて地図上にプロットすることで、状況図ができる。理屈の上ではそういうことになるが、状況図は一度生成して終わりというわけではなく、逐次、アップデートしていかなければならない。また、個別に探知情報を受け取って状況図を生成する処理に時間差が生じる可能性もある。位置情報だけでなく時刻の情報もつけてやらなければならないだろう。

すると、「レーダーのようなセンサーの自己位置の把握」と「探知情報に精確な時刻情報をつける」を実現するために、PNT[※5](Positioning, Navigation and Timing。測位、航法、測時の意)が重要な役割を果たすことが分かる。

ご存じの通り、GPSがあれば精確なPNT情報を得られる。しかし、GPSに対する妨害や欺瞞の問題が取り沙汰されている昨今、GPSに全面的に依存できるかというと疑問が残る。それだからこそ、GPSの抗堪性を高めるための技術開発や、GPSが使えなくなった場面に備えた代替PNTの技術開発に血道を上げることになるわけだ。

※5：PNT
Position, Navigation and Timingの略。すなわち、測位・航法・測時という意味。GPSは、これらすべてに関わる情報を一括して提供してくれる。

また、融合の際の基準となるのは緯度・経度からなる座標系だから、座標系の処理を間違えるとトンでもないことになる。これは指揮管制システムに限らず、スマートフォン用の地図アプリも同じことだ。

状況図ができたら、その次は？

状況図はあくまで「状況を知るための材料」である。本当に大事なのは、その材料を用いて正しい状況把握、正しい意思決定を行うこと。そして、その正しい意思決定を間違いなく遂行すること。

そこで、ある特定のタイミングの状況がどうなっているかという話だけでなく、その状況がどのように変化しているかという話を知る必要も出てくる。それによって意思決定の内容が違ってくるからだ。そこで、状況の変化が意思決定にどう影響するかという一例として、艦載型防空システムの中枢となる指揮管制装置がどんな仕事をしているか、という話を取り上げてみたい。

艦載型防空システムのお仕事

「コンピュータ、ソフトなければただの箱」。だから、艦艇の防空を司る指揮管制システムの死命を制するのは、そこで動作するソフトウェアということになる。では、そのソフトウェアはどういう動作をすればいいのだろうか。もちろんプログラム・コードそのものが一般の眼に触れるところに出てくることはないが、理屈に基づく推測はできる。

未来の動きを予想する

いきなり私事で恐縮だが、2014年の夏から秋にかけて、病気をして3ヶ月ばかり入院させられていたことがあった。退院した後、電車に乗って自宅に戻ろうとしたら、ターミナル駅の人混みをスムーズに通れなかった。実際にぶつかるところまではいかなかったが、どうもギクシャクしてしまうのだ。

人混みの中をスムーズに歩くためには、周囲にいる人の位置と動きを把握して、未来位置を予測する必要がある。「左手にいるあの人が、こういう向きと速度で移動してくるから、それを避けるためにはこちらを通ればよい」という話である。クルマの運転も似たようなところがあり、周囲にいる他のクルマや歩行者などの動きを見て、未来の動きを予測しながら運転する。

なんでこんな話を書いたかというと、実は、イージス武器システム(AWS)に代表される艦載型防空システムも、似たようなことをやっているからだ。

まず、レーダーで探知した航空機やミサイルについて個別に、連続的に探知・追尾することで針路と速力を把握する。そのベクトルに基づいて未来位置を予測する。ここでは一応、同一針路・同一速力で飛び続けるという前提で予測するわけだ。有人機はともかく、ミサイルならそれが通用しやすい。

個々の脅威度を評価する

すると次には、未来位置の予測に基づいて、脅威度を判断する仕事が来る。追尾している数多の探知目標のうち、脅威になりそうなのはどれで、放っておいても良さそうなのはどれかを判断するわけだ。ある種のトリアージであるといえなくもない。

イスラエルでは、市街地に向けて地対地ロケットが撃ち込まれる場面が常態化しているエリアがある。しかし無人の荒野にロケットが落ちても人的被害にはつながらないから、そういうのは放置しておいてよろしい。人家があるところに着弾しそうなロケットの迎撃に全力を挙げる必要がある。そういう話だ。

単純に考えれば、自艦の方に向かってくる探知目標は脅威度が高い。一方、遠ざかる目標は脅威度が低い。詳しい話は後で個別に書くが、そういった脅威評価の結果に基づいて、どの探知目標から順番に交戦していくかを決定する。

ひとつの探知目標にひとつのトラック・ファイル

もちろん、探知・追尾している間に目標の針路や速力が変化する可能性があるから、すべての探知目標について連続的に探知・追尾データを更新し続けるとともに、必要に応じてベクトルの計算をやり直す必要がある。その結果次第では、脅威評価や迎撃用の武器割当の内容も見直さなければならないかも知れない。

また、他の艦や航空機が交戦した結果として探知目標が途中で消える可能性や、突如として新たな探知目標が出現する可能性もある。たとえば、自艦の近所にいる潜水艦がいきなり海中から対艦ミサイルを撃ってきたら、それは急に優先度が高い目標として割り込んでくるはずだ。これらもやはり、脅威評価や武器割当の見直しにつながる。

そこで「トラック・ファイル」というものが登場する。個々の探知目標ごとに「トラック・ファイル」を用意して、捕捉追尾しながら情報をアップデートしていくわけだ。もちろん、どれぐらい多くのトラック・ファイルを扱えるかはコンピュータの処理能力・記憶能力次第となる。

さまざまな要因を考慮に入れた上で、個々の探知目標ごとに脅威度の高さを判断して優先順位を決めるのだが、そこでどういうロジックに基づくのか、が本題だ。

武器割当と交戦

探知目標ごとの脅威評価と優先順位付けができたら、個々の探知目標ごとに武器割当を行う。「最初に撃つミサイルは探知目標A、2番目に撃つミサイルは探知目標C、3番目に撃つミサイルは探知目標

●対レーダー・ステルスの意味

「連続的に捕捉追尾することで針路と速力を知り、未来位置を予測する」。実は、対レーダー・ステルス技術は、これを妨げる意味がある。たとえ探知されることがあったとしても、それが瞬間的なものに留まれば、連続的な捕捉追尾が成立しない。それでは針路も速力も分からないし、未来位置の予測もできない。結果として脅威評価もできない。それでは、迎え撃つ防空システムの側は仕事にならないのだ。

F…」といった具合に。

人混みの中を歩く際には衝突を避けなければならないが、対空戦闘システムはミサイルを探知目標に当てなければならないので、考え方は逆になる。つまり、衝突を避ける進路をとるのではなく、衝突する進路をとるようにミサイルを誘導しなければならない。

しかもそれだけでは済まない。射撃指揮システムの誘導能力には、何かしらの制約がある。たとえば、イージス武器システムはSM-2艦対空ミサイル[※6]を使用するが、これは複数の誘導手段を使い分けている。

AN/SPY-1レーダー[※7]は、自艦が発射したSM-2ミサイルも追尾しており、最適なコースを飛翔するように、必要に応じて指令を飛ばしている。そしてSM-2が目標に接近すると、AN/SPG-62イルミネータ[※8]を用いて誘導電波を照射、ミサイルはその反射波をたどって誘導される。探知目標との距離によって、AN/SPG-62による照射が必要な時間は異なり、脅威が接近してくるほどに短時間の照射で済む。そして、AN/SPG-62は次々に対象を変えつつ、それぞれに対して誘導のための照射を行う。

アーレイ・バーク級ミサイル駆逐艦「カーティス・ウィルバー」による、SM-2艦対空ミサイル発射シーン。この後、艦橋のSPY-1レーダーはSM-2を追尾し、最適なコースで飛翔するよう指令を飛ばす。最終的にはSPG-62イルミネータの誘導電波で、SM-2を目標に衝突させる

イージス武器システムのすごいところは、この一連のシーケンスがもっとも効率良く運び、撃ち漏らしを出さないように、常に状況を見ながら、ミサイル発射・誘導のスケジュールを更新しながら機能しているところ。ということは、それを実現するためのソフトウェアを開発しなければならなかったわけだ。

個艦防空と僚艦防空

まず、分かりやすいところで個艦防空(point defence)の話から。

※6：SM-2艦対空ミサイル
イージス武器システムが対空戦闘のために使用する艦対空ミサイル。

※7：SPY-1レーダー
イージス武器システムの眼となる対空用の多機能レーダー。脅威の捜索・捕捉・追尾だけでなく、その脅威に向けて発射したSM-2ミサイルも追尾するとともに、最適な迎撃コースに関する指令を送る機能がある。「AN/」は米軍の制式装備を示す接頭辞。

※8：SPG-62イルミネータ
SM-2ミサイルが目標に命中する直前の段階で、誘導用の電波を目標に向けて照射する装置。ミサイルは、その電波の反射波をたどる。

個艦防空とは読んで字のごとく、自分の身を護ることだけ考えるモードである。

自艦のことだけ考えればよいのが個艦防空

それなら考え方は比較的シンプルだ。自艦に向けて飛来する脅威を拾い出して、脅威評価による優先順位付けと武器割当を行い、順番に交戦していけばよい。では、脅威評価のロジックはどうすればよいだろうか。

シンプルに考えると、探知目標のベクトルに基づいて、自艦に着弾するタイミングが早い順番に片付けていかなければならない。着弾するタイミングが遅い目標を先に片付けていたら、その間に、もっと早く着弾する脅威にやられてしまう。

そして、自艦に向かって来ないと判断した探知目標は放っておくか、優先順位を下げる。もしもそれが僚艦の方に向かったとしても、それは僚艦の方で対処してもらうという考え方である。艦隊を構成するすべての艦が個艦防空の能力を備えていれば、各々が自分で自分の身を護ることで、結果的に全艦が生き残れる、という考え方が成り立たないものでもない。

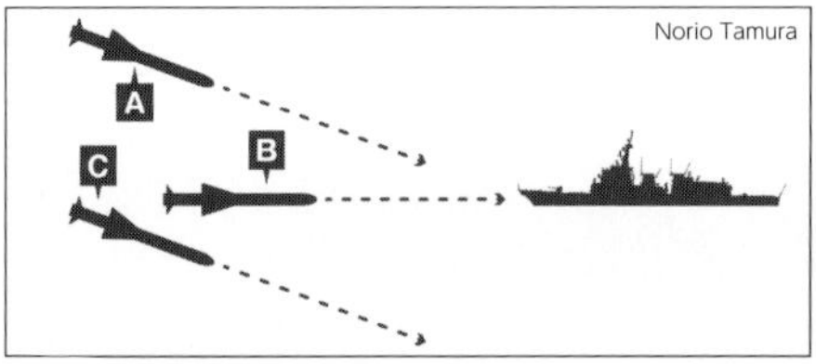

シンプルな個艦防空の例①。探知目標AとBが自艦に向かってきており、Bの方が早く着弾しそう。となれば、まずBを迎え撃って、次にAを迎え撃つ手順となる。探知目標Cは明後日の方に向かっているので、放っておいてよい。

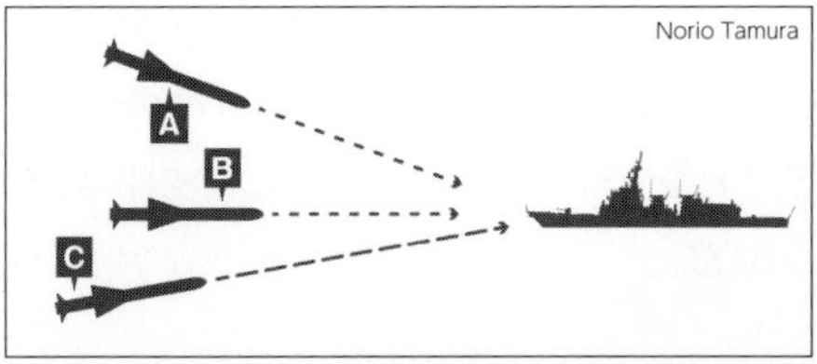

シンプルな個艦防空の例②。探知目標の数は同じだが、Cは遠方にいるものの、速度がAやBより速い。未来位置を予測するとCが最初に着弾しそう。となれば、まずCを迎え撃って、次にB、最後にAを迎え撃つ手順となる。

自艦も僚艦も護る僚艦防空

僚艦防空（local area defence）とは、個艦防空と、この後で取り上げる艦隊防空の中間に位置する概念だ。かいつまんでいうと、「艦隊すべてをカバーするには至らないが、自艦だけでなく近所にいる僚艦にも防空の傘を差し伸べる」という意味になる。あまり聞かない言葉だが、我が国ではこの僚艦防空に対応する護衛艦を4隻配備している。それが「あきづき」型である。

いってみれば相合傘である。自分ひとりが濡れないようにすることだけ考えて傘を差すか、隣にいる誰かさんも濡らさないようにすることを考えて傘を差すか。そういう違いといえよう。

護衛艦「あきづき」。このクラス4隻は僚艦防空の機能を備える。その中核装備は艦橋にみえる2つの白いフェーズド・アレイ型のアンテナだ。大きいものが捜索用のFCS-3Aレーダー、小さいものがミサイル誘導用のイルミネータ

僚艦防空なんていう話が出てきた背景には、ミサイル防衛任務に就いているイージス護衛艦を護るニーズが発生した事情がある。「こんごう」型イージス護衛艦のシステムでは、ミサイル防衛の任務に就いているときには、そちらにレーダーやコンピュータのパワーを集中する必要がある。すると、他の経空脅威に対処する余裕がなくなってしまう。そこで「あきづき」型が近くに陣取って、イージス艦を護ろうというわけだ。

これを脅威評価の観点から見るとどうなるか。個艦防空なら自艦に向かってくる探知目標のこと「だけ」を考えていればよいが、僚艦防空では僚艦「も」護らなければならない。

したがって、自艦だけでなく、護りを差し伸べなければならない僚艦がどこにいる誰なのか、ということもシステムに教えておく必要があると考えられる。また、自艦と僚艦の位置関係を時々刻々、把握・更新しなければならないだろう。

そして指揮管制システムは、その僚艦に向かっている目標と自艦に向かってくる目標の両方を探知・追尾して脅威評価を行い、総合的に優先順位をつけて交戦する必要がある。場合によっては、イージス艦に向かってくる脅威を先に片付けて、我が身の護りは後回し、ということもあり得る。

※9：高価値ユニット
英語ではHVU。空母や揚陸艦など、艦隊の中でも特に「任務を果たすための中核となる重要な艦」を指す。

※10：空母打撃群（CSG）
空母とその搭載機に、護衛にあたる随伴艦をつけて編成する、各種艦艇の集合体。

※11：遠征打撃群（ESG）
揚陸艦と、そこに乗艦する上陸部隊に、護衛にあたる随伴艦をつけて編成する、各種艦艇の集合体。

後で取り上げる艦隊防空もそうだが、高価値ユニット[※9]（HVU：High Value Unit）、つまり空母や揚陸艦やイージス艦がやられないようにすることが最優先なのだ。そこのところの考え方が、自分のことだけ考えていればよい個艦防空とは異なる。

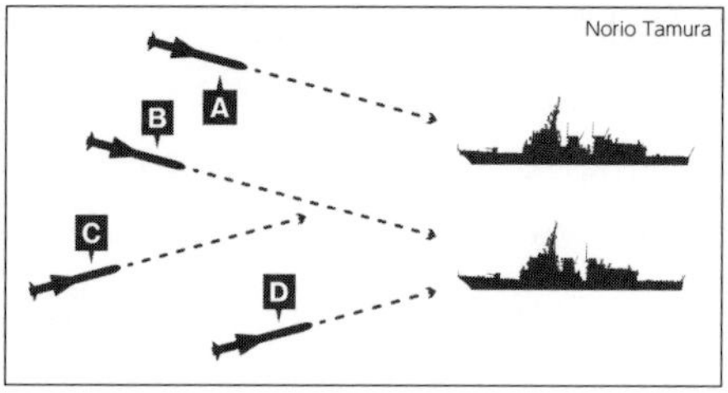

シンプルな僚艦防空の例。自艦（上の艦）と僚艦（下の艦）に向かっているらしいミサイルが2発ずつ。それぞれ着弾のタイミングが異なりそうだが、どういう順番で迎撃すればよいか…？まず僚艦を護る観点からすれば、D→A→B→Cとなりそうだが

艦隊防空における脅威評価の考え方

次に、艦隊や輸送船団などに対してまとめて防空の傘を差し伸べる、艦隊防空（area defence）について取り上げてみたい。

高価値な艦艇を優先的に護る艦隊防空

艦隊を構成する艦の間では当然ながら、軽重の差が発生する。空母打撃群[※10]（CSG：Carrier Strike Group）なら、まず空母を護らなければならない。遠征打撃群[※11]（ESG：Expeditionary Strike Group）なら、まず揚陸艦を護らなければならない。

そうした高価値ユニット（HVU）は艦隊陣形の中心、ないしはそれに近いところにいるのが普通だ。HVUの周囲を、護衛を担当する随伴艦でぐるっと囲むのが、いわゆる輪形陣である。

艦隊防空を受け持てるような高機能の艦はお値段が張るから、そんなにたくさんいないのが普通である（水上戦闘艦の大半がイージス艦、という米海軍はチートである）。すると現実問題としては、HVUの近隣に艦隊防空艦も配置して、その周囲を艦隊防空の能力を持たない随伴艦で囲む形になろうか。そちらは潜水艦や水上艦への対処が主体になるわけだ。

艦隊防空の特徴は、ある程度の広がりを持った海域全体に防空

の傘を差し伸べること。ひらたくいえば、艦隊に向かってくる目標は、すべて脅威である。そこでシンプルに考えると、艦隊がいるエリアに向かってくる目標に対して順番に対処すればよい、といえるかもしれない。しかし実際には、そんなシンプルな話にはならない。

艦隊防空では「艦隊全体が護るべき対象」であり、かつ「その中でもHVUが最優先」となる。すると、個艦防空の場合とは脅威評価のやり方が変わってくる。脅威評価に際しては、艦隊が展開しているエリアだけでなく、その中での個々の艦の位置関係が分かっていなければ話にならない。これは、艦隊を構成する個々の艦の位置情報をデータリンク経由で受け取れば、対応できそうだ。

「護るべきエリア」「その中でも、特に重点を置くべきHVU」の位置を把握すれば、飛来する探知目標のうち「護るべきエリア」に向かっているものが脅威評価の対象となる。そして、着弾のタイミングが早いもの、HVUに向かっていると考えられるものを優先的に片付ける。

イージス武器システムのポイントは、最初の配備開始から30年以上の運用経験があり、さまざまな場面を経験することで、この脅威評価などを受け持つソフトウェアの熟成が進んでいる点にある。ポッと出の新顔は、そこのところの熟成がどうしても足りないのではないか。誰のこととはいわないが。

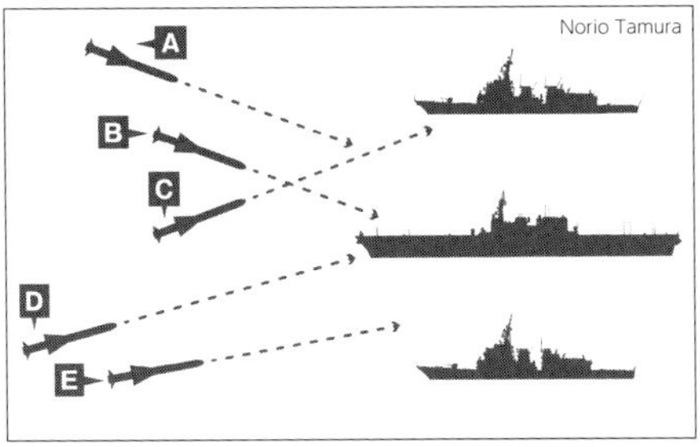

艦隊防空の例。飛来する5発のミサイルを探知したが、そのうち3発は空母、1発は自艦（上の艦）に向かっているようで、残る1発はよく分からない。我が身を護るにはCが迎撃の最優先だが、空母を護る観点からすればBやAやDを無視できない。この図にある着弾タイミングの予想が正しければ、B→C→A→Dという順番になるだろうか？

つまり、艦隊防空艦は射程の長い艦対空ミサイルと探知距離が長いレーダーだけ備えていれば成立するのではなく、「艦隊防空」という任務を達成するために必要な脅威評価ができなければならない。

射程の長短だけでなく脅威評価の違いもある

一般的な理解としては、「個艦防空は我が身だけを護ればよく、

※12:RIM-7シースパロー
空対空ミサイルAIM-7スパローを艦載用にした個艦防衛用の艦対空ミサイル。誘導方式はセミアクティブ・レーダー。1970年代以来、西側各国海軍の標準的な装備。

使用する艦対空ミサイルの射程は短い」「艦隊防空は艦隊や船団全体を護らなければならず、飛来する脅威をより遠方で迎え撃つ方が望ましい。そのため、使用する艦対空ミサイルの射程は長い」という話になる。白状すると、筆者もこの分野に首を突っ込み始めたばかりの頃はそう思っていた。要するに、艦対空ミサイルの最大射程だけを基準にしていたわけだ。

ところが、昔と比べるとミサイルの性能が向上したため、いまどきの個艦防空用艦対空ミサイルの中には、昔の艦隊防空用艦対空ミサイルよりも長い射程を持つものがある。具体的な数字を出してみよう。

個艦防禦用の艦対空ミサイルというと、海上自衛隊でも使っているRIM-7シースパロー[※12]のシリーズが有名だ。今でもあちこちで使われている。RIM-7シースパローの初期モデル・RIM-7Eの射程は8km、それに対して、末期モデル・RIM-7Rの射程は26kmに伸びている。

シースパローと同じ世代に属する艦隊防空用の艦対空ミサイルというと、RIM-24ターターや、その後継となるRIM-66スタンダードMRがある。RIM-24の末期モデル・RIM-24Cターターの射程は32km、RIM-66BスタンダードMR(SM-1)の射程は37km。同じRIM-66ス

ターター（後にスタンダードSM-1）を主兵装とする、海上自衛隊のミサイル護衛艦「はたかぜ」。2021年3月にイージス護衛艦8隻体制が実現した後は、練習艦任務に回された

タンダードMRでも、イージス艦が使用するSM-2は誘導方式の違いにより、無駄のない飛翔経路をとれる分だけ射程が伸びて、初期型でも74kmある。

シースパローの後継として導入が進んでいるのがRIM-162 ESSM[※13] (Evolved Sea Sparrow Missile, 発展型シースパローの意) だが、これの射程は50kmに達する。艦隊防空用とされるターターやスタンダードMR (SM-1) よりも射程が長い。

「それなら、ESSMがあればターターやSM-1の代わりが務まるのでは?」

と、射程だけ見ればそういう話になりそうだが、そう単純な話にはならない。前述した脅威評価の違いが関わってくるからだ。

シースパローやESSMは個艦防御用という位置付けだから、それと組み合わせる射撃管制システムのソフトウェアの脅威評価もそれに合わせた内容になっているはずだ。つまり、自艦に向かってくる脅威が最優先である。すると、射程を延ばして覆域を拡げただけで、艦隊防空に使えるものだろうか。艦隊防空は個艦防空と違い、自艦に向かってくる脅威だけ考えていればよいというものではない、という話は先に書いた。

つまり、艦隊防空を実現するには、艦隊防空に使えるだけの射程を備えた艦対空ミサイルだけでなく、艦隊防空に適した脅威評価の能力を備えた指揮管制システムも必要なのだ。

崩れてきた「イージス艦=艦隊防空艦」という図式

ノルウェー海軍にフリチョフ・ナンセン級というフリゲート[※14]がある。主兵装はESSMだが、それを管制するのはイージス戦闘システムだ。イージスは艦隊防空を前提として開発されたシステムだから、これならESSMによる艦隊防空も可能との理屈が成立し得る。

もちろん、SM-2と比べればESSMは射程が短いから、その分だけ能力的な限界はある。しかし、艦隊防空用の脅威評価ロジックがあれば、(カバレージが狭い) 艦隊防空艦として機能できる理屈となる。ただし実際に、ノルウェー海軍が同級を艦隊防空艦と位置付けて、そういう運用をしているかどうかは、別の問題だが。

※13：RIM-162 ESSM
NATO諸国に加えて海上自衛隊でも使用している、近距離防空用の艦対空ミサイル。近距離といっても射程は50kmぐらいある。

※14：フリゲート
帆走軍艦の時代には、主力の戦列艦よりも小型・高速の艦を指していたが、近代海軍では艦隊や船団の護衛を担当する汎用性のある水上戦闘艦を指すのが一般的。かつ、駆逐艦よりも下位に位置付けられる。ただし、現実には駆逐艦とフリゲートの境界は曖昧であり、国によっても定義や使い方が異なる。事実上、「当事者が駆逐艦だといっていれば駆逐艦、フリゲートといっていればフリゲート」。

※15：FFG（X）計画
「FFG（X）」とは米海軍の「次期ミサイル・フリゲート」という意味で、その開発装備計画のこと。コンステレーション級フリゲートとなった。

※16：コンステレーション級
米海軍が計画を進めている新型フリゲート。リスクを抑えて迅速に実現するため、伊海軍のカルロ・ベルガミーニ級をベースとして、そこにイージス戦闘システムを組み合わせた。全体的に、主力のアーレイ・バーク級駆逐艦よりスペックが落とされている部分が多いが、対艦ミサイルの数だけは通常の2倍にあたる16発もある。

いちばん手前にいるのが、フリチョフ・ナンセン級の5番艦「トール・ヘイエルダール」

似た立ち位置にあるのが、米海軍がFFG(X)計画※15の下で建造計画を進めているコンステレーション級※16フリゲート。このクラスは対空兵装としてSM-2ミサイルを搭載して、イージス戦闘システムで管制する。ところがこのクラス、艦隊防空艦との位置付けにはなっていない。SM-2とイージスを搭載するにもかかわらずだ。

実は、最初にFFG（X）計画の話が出たときには、イージス戦闘システムではなく別のシステムを使うとされていた。それが後になって方針転換、イージス戦闘システムになった経緯がある。おそらく、このクラスだけ別の指揮管制システムを開発・導入するぐらいなら、実績があるイージス戦闘システムで揃える方が低リスクかつ合理的という判断があるのだろう。

それに、一般的な搭載数の2倍、16発の艦対艦ミサイルを搭載して敵地に乗り込んで暴れる運用構想からすれば、自身の身を護る能力も高いに越したことはない。

FFG（X）の完成予想図。指揮管制システムはイージスで、レーダーはレイセオン製のAN/SPY-6（V）3を使う。しかし位置付けは艦隊防空艦ではなく、日本でいうところの汎用護衛艦となる

弾道ミサイル防衛で必要となる機能

続いて、同じように「空から降ってくるものに対処する」システムとして、弾道ミサイル防衛を取り上げてみよう。探知・捕捉・追尾と未

来位置の予測が重要になるところは似ているからだ。

ネットワークが生命線

艦隊防空でも、ネットワークは使う。自艦が搭載するレーダーだけでなく、他の友軍の艦、あるいは早期警戒機が搭載するレーダーの探知情報を受け取ることで、より広いエリアの状況を把握できるからだ。ただ、基本的には自艦が搭載するレーダーで探知して、自艦が搭載する指揮管制装置で脅威評価と武器割当をやって、自艦が搭載する艦対空ミサイルを使って交戦する形態である。つまり自己完結している。

では、弾道ミサイル防衛はどうか。最大射程が数百~数千キロメートルという代物だから、発射から着弾までひとつのセンサーでカバーすることはできない。具体的には、以下のような按配になる。

[1.早期警戒衛星による発射の探知]

DSP[※17](Defense Support Program)、あるいはその後継となるSBIRS[※18](Space-Based Infrared System)といった人工衛星を使う。発射の際に発生する排気炎を赤外線センサーで探知する仕掛けだが、この時点では「どこで発射があったか」までしか分からない。その後の追尾により、大雑把に「どちらに向かっている」ぐらいは分かってくる。

[2.レーダーによる追尾]

その後、ミサイルが上昇・加速しながら目標に向けて舵を切ると、Xバンド・レーダー[※19]による追尾に移る。アメリカ空軍は青森県の車力分屯基地と京都府の経ヶ岬通信所にそれぞれ、レイセオン製のAN/TPY-2[※20]というレーダーを置いている。また、アラスカではさらに高性能のLRDR[※21] (Long Range Discrimination Radar) を設置する作業が進んでいる。

このほか、航空自衛隊が日本国内の4ヶ所(下甑島、佐渡、大湊、与座島) に配備している大型レーダー「J/FPS-5[※22]」も、弾道ミサイルの追跡能力を備えている。アメリカ本土やイギリスなどにも、弾道ミサイル早期警戒レーダーがある。

[3.迎撃用資産のレーダーによる追尾]

※17:DSP
赤道上に配備する静止衛星に赤外線センサーを搭載して、弾道ミサイルが発射されたときに発生する赤外線を捉えることで弾道ミサイルの早期警戒手段とするもの。

※18:SBIRS
赤外線センサーを搭載する弾道ミサイルの早期警戒衛星で、静止衛星と、高楕円軌道に載せる周回衛星を組み合わせているところがDSPと異なる。これは、赤道上の静止衛星では北極・南極付近のカバーが不十分になるのを補うため。

※19:Xバンド・レーダー
Xバンド(周波数8~12GHz)の電波を使用するレーダーの総称。比較的周波数が高く、分解能に優れることから、ミサイル誘導用にXバンドを使用するものが多い。また、弾道ミサイルは対象が比較的小さく、かつ高精度の探知が求められるので、Xバンドを使用する事例がいくつもある。

※20:TPY-2
もともと、THAAD弾道弾迎撃ミサイル用に開発された、弾道ミサイルの捕捉追尾を行うためのXバンド・レーダー。ただしレーダー単体で弾道ミサイルの監視にも使われる。単体で写真を見るとピンとこないが、実は大型のバスに匹敵するサイズを持つデカブツ。

※21:LRDR
アラスカのクリアー基地で設置が進められている、新型の弾道ミサイル捕捉追尾用レーダー。アンテナ1面のサイズが20m四方で、それが2面ある。使用する送受信モジュールは、日本、スペイン、カナダが採用を決めているSPY-7レーダーと共通。メーカーはロッキード・マーティン社。

※22:FPS-5
航空自衛隊が使用している対空捜索レーダーのひとつ。「ガメラレーダー」という渾名があるが、これは高さが約34mある六角柱の建物に3面取り付けられたレーダーの外見が、カメの甲羅に似ていることに由来する。

ミサイルがミッドコース段階にさしかかるあたりから、（迎撃のために展開させていれば）イージス艦のAN/SPY-1レーダーによる追尾が可能になる。

また、終末防衛段階ではTHAAD※23（Terminal High-Altitude Area Defense）用のAN/TPY-2レーダーや、パトリオット地対空ミサイルのAN/MPQ-65※24といったレーダーも追尾に加わる。

米軍のミサイル防衛システム※25（BMDS：Ballistic Missile Defense System）において頭脳となるC2BMC※26（Command, Control, Battle Management and Communication、指揮・統制・戦闘管制・通信）システムは、アメリカ本土に置かれている。しかし、その配下にあるセンサー群の展開場所は、宇宙空間だったり、日本国内だったり、太平洋上だったり、アラスカだったりする。だから、広い範囲に展開したセンサー群からリアルタイムで情報を受け取るための通信網が不可欠となる。

それだけでなく、さまざまなセンサーから得た探知情報をとりまとめて状況図を生成したり、針路・速力を割り出したり、未来位置を予想したりするためには、先にも書いたように、目標の絶対位置を出し続ける必要がある。それには、センサーの位置と、そこを起点とする方位・距離などの情報が要る。これは弾道ミサイルが相手でも変わらない。

陸上に固定設置したものなら話は簡単だが、洋上のイージス艦は移動しているから、リアルタイムかつ継続的な測位は不可欠となる。

ミサイル防衛の頭脳、C2BMCのお仕事

弾道ミサイルを発射する際には、「発射地点」と「目標の位置」が決まれば、そこを飛翔するための弾道飛行経路も計算できる。つまり「どちらの方角に向けて」「どれぐらいの上昇角度で」「到達速度をいくつにするか」という諸元を出すわけだ。実際にはさらに、地球の自転や空力的な影響があるが、それも事前に計算して反映させる。

一方、迎え撃つ側のC2BMCは、脅威の探知・追尾に使用する各種センサーから得た情報に基づいて、発射地点や発射後のミサイルの飛翔経路を時々刻々、割り出して追いかけるとともに、着弾地点

※23：THAAD
サードと読む。ロッキード・マーティン社が開発した弾道弾迎撃ミサイル、あるいはそれを中核とするシステム。上空から落下してくる終末段階（ターミナル・フェーズ）の中でも、上層での迎撃を受け持つ。下層の迎撃はPAC-3パトリオットミサイルの担当。

※24：MPQ-65
パトリオット地対空ミサイルが使用する多機能レーダーのうち、新しい方。飛来する脅威の捜索・捕捉・追尾に加えて、ミサイル誘導の機能も組み込まれている。ただしアンテナは1面構成なので、脅威の方向に向けて設置する必要がある。

※25：ミサイル防衛システム
弾道ミサイルや巡航ミサイルの捜索・捕捉・追尾・迎撃を受け持つシステム一式のこと。衛星、陸上や艦上のレーダー、陸上や艦上から発射する迎撃ミサイル、そして探知・追尾情報に基づいて交戦の指令を出す指揮管制システムC2BMCでワンセットとなる。

※26：C2BMC
→上記「ミサイル防衛システム」を参照。

を予想する。これが第一のお仕事である。

つまり、撃つ側は「ここからここまでミサイルを飛ばすために、どういう軌道をとるか」という計算をするが、迎え撃つ側は「ここからこういう軌道で飛んできているから、どこに落ちるか」という計算をする。立脚する物理法則は同じだが、未知のパラメータが違う。

Jアラートの発令事例を見れば分かるが、最初は「発射した」ぐらいの情報しかなく、それに続いて着弾予想地点に関する話も出てくる。弾道飛行を行う相手を追尾することで針路予測が成立してくるので、そういう話になる。

こういう「追尾」関連の作業は、人間が手作業でやらせるよりもコンピュータにやらせる方が速いし、確実性が高い。イージス艦の探知・追尾機能を全国ネットでやるようなものである。

そしてC2BMCは、割り出した予想着弾地点に基づいて、最適な場所にいる迎撃用資産(イージス艦、PAC-3、THAADなど)に交戦

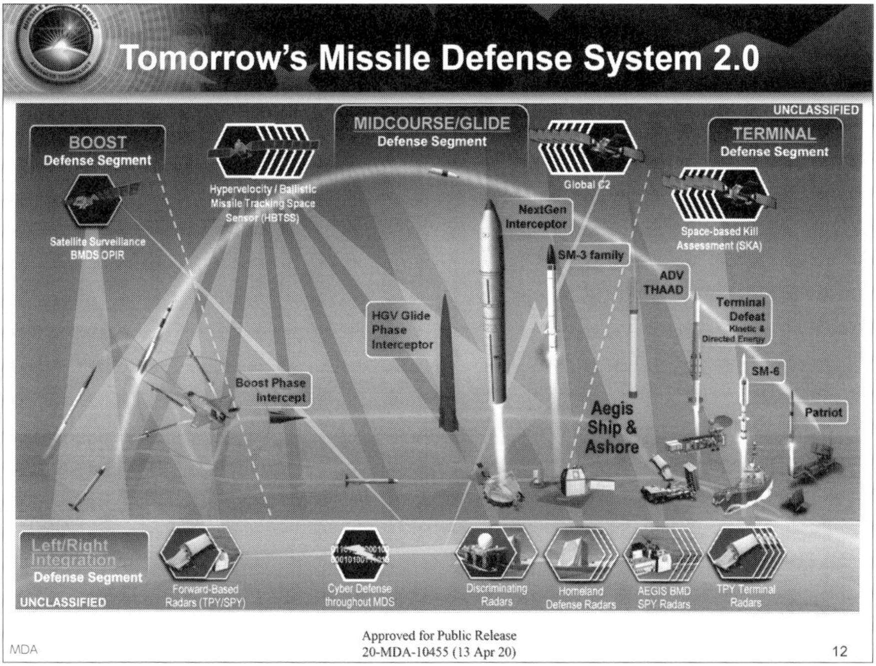

弾道ミサイルの迎撃では、探知・追尾にしても迎撃にしても、段階ごとに異なる装備が関わる。それら全体をコントロールするコンピュータ・システムと通信網は不可欠だ。その中にあってC2BMC（指揮・統制・戦闘管制・通信）システムは、ミサイル防衛に関わる探知・迎撃手段の一切合切を取り仕切る中核頭脳である

※27：垂直発射システム
英語ではVLSという。ミサイルを発射レールに装着してから脅威の方向に向けて発射する代わりに、ミサイルを垂直に並べた弾庫から直接、真上に向けて撃ち出す仕組み。ミサイルは発射した後で、脅威の方向に向けて旋回・飛翔する。

の指令を飛ばすとともに、飛来する脅威の軌道・速度などに関する情報を流す。それが第二のお仕事になる。それを受けた迎撃用資産は、C2BMCから得たデータに基づき、ミサイルを発射するタイミングと、ミサイルが飛翔する方向を決定して、その情報をミサイルに送り込む。そして発射・交戦する運びとなる。

イージス艦の面倒な計算

ちなみにイージスBMDの場合、単に艦の位置を出すだけでは済まない。イージス艦の全長は百何十メートルもあるからだ。そのうち、どの場所の位置をとるかが問題になる。

仮に、ミッドシップ・マークの位置で測位するとしよう。だいたい艦の中央付近だ。しかし、実際にSM-3を発射するMk.41垂直発射システム[※27]（VLS：Vertical Launch System）は、そこからだいぶ離れた位置にある。すると、ミッドシップ・マークの艦位をそのままSM-3に渡したら、その時点で位置が数十メートルもズレてしまう。

米海軍のイージス駆逐艦「ベンフォールド」の艦尾VLS。61個あるミサイル発射セルの位置は、それぞれ微妙に違う。そこまで考慮して発射地点を割り出している

だからBMD対応のイージス艦では、艦の位置ではなく、VLS内にある個々のミサイル発射セルの位置を割り出して、SM-3ミサイルに送り込むようになっている。たとえば、「艦尾VLSのn番セルは艦位の基準点と比べて艦尾方向に××メートルと△△センチメートル、右舷に◎◎メートルと○○センチメートルだけずれる」という数字に基づいて計算する。もっともアメリカのことだから、単位はフィートやインチかも知れない。

だがちょっと待って欲しい。艦がどちら向きに航走しているかによって、測位の基準点とミサイル発射セルを結ぶ線の向きが変わるはず

だ。たとえば、艦が北半分に向けて航走していれば、艦尾VLSの緯度は艦の中心より南側になる。しかし、艦が南半分に向けて航走していれば、艦尾VLSの緯度は艦の中心より北側になる。向きが90度変わるが、経度についても同様の問題がある。

ということは、艦の針路を加味しなければ、ミサイル発射セルの精確な緯度・経度は出ないハズだ。そして艦は時々刻々移動しているのだから、その計算をリアルタイムでやらなければならない。そこまでやって初めて、飛来する弾道ミサイルの軌道と、それを迎え撃つSM-3がとるべき軌道を交錯させることができる。

事前にプログラムするだけで用が足りるのか

脅威評価にしても武器割当にしても、指揮管制システムの動作内容は基本的に、開発の時点でプログラムした内容に沿っている。そうでなければ、ちゃんと試験・評価が済んだものにならないから、安心して使えない。

イージスにおけるパラメータの変更

ところが、イージス武器システムには面白い特徴がある。このシステム、戦闘に入る前に艦長が脅威について評価した上で、C&D[※28]が使用するドクトリン[※29]のパラメータ[※30]を変更できるようになっている。また、イージス武器システムには戦闘訓練のためのシミュレーションを行うACTS（Aegis Combat Training System）という構成要素があり、これを使って事前に「設定したパラメータの妥当性」を模擬交戦で検証する仕掛けもある。

つまり、C&Dの動作内容をある程度、艦長がコントロールできるようになっているわけだ。そういう仕掛けを用意しようと考えたことも、実現したことも、感心するばかりだ。

本番では、こうして設定したパラメータに合致する目標をレーダーが探知・捕捉・追尾した後で、以下の3種類の動作モードの中からいずれかを用いて交戦する。

※28：C&D
イージス武器システムのうち、機能の中核をなす指揮決定システムのこと。探知目標の捕捉追尾情報を基に脅威度と優先順位を割り出す。

※29：ドクトリン
イージス武器システムにおける、対空戦闘を行う際の基本原則のこと。一般的には、それぞれの国の軍事組織が国防の任務を果たす際に拠って立つ基本的な原則を指す。

※30：パラメータ
変数。可変要素のこと。

［半自動］ C&Dがオペレーターに対して、攻撃指示のリコメンドを出す。オペレーターはそれを受けて攻撃指示を設定して交戦する。

［自動］ C&Dは自ら攻撃指示を自動設定する。ただし交戦の指令はオペレーターの判断によってなされる。それを実現するため、最善の発射タイミングをC&Dがオペレーターにリコメンドする。

［特別自動］ 要するに全自動。オペレーターの操作を介することはなく、システムが動的に攻撃指示と発射を行う。もっとも緊急を要する脅威に対して使用する。

コンピュータが人間に近い仕事をできれば…

しかしコンピュータ技術は日進月歩。イージス武器システムのC&Dみたいな機能を、より柔軟に、人間の頭脳が行うのと近い形で機能させられないか、という話が出てくるかも知れない。

たとえば、「過去の実運用経験に基づいて、経験を積んだ担当者が行っている判断や意志決定の内容をソフトウェアに盛り込めれば、意志決定の機能が強力になるのではないか」という考えが出てきそうだ。また、センサーから上がってきたデータを分析したり、篩（ふるい）にかけたりといった機能も同様で、経験を積んだ人間の業をコンピュータが学んで代行できれば、これも状況認識や意志決定に寄与すると期待できる。

しかし、コンピュータはロジックで動くものであり、基本的にはプログラムされた通りに動く。そこから一歩踏み出して「人間と同様に、経験を積んだり学習したりしながら進化する」仕掛けを実現しようとすれば、何かしらのブレークスルーが必要になりそうだ。といったところで第4部に移る。

第4部

AIの活用

F-35の導入を進める日本政府のやり方を腐そうとして、
「F-35は時代遅れ、AIに資金を投下するべき」なんてことをいう人がいる。
書籍化のための作業を進めている2023年春の時点で、AIはホットかつトレンディな言葉だから、
とりあえず「AI」といっておけば時流に乗っている気分は味わえるだろうが、
どれだけ分かっていてそういっているのかは知らない。
ただ、防衛分野でもAIの活用を図ろうとする動きがいろいろあるのは事実。
そしてそれは、本書の本題である「指揮管制・指揮統制」ともつながっている話。
そこで、AIについても取り上げてみようと思う。

そもそもAIとは

まず、「AIとはなんだ」というところから話を始めたい。スタート地点を明確にしておかないと、解説も議論も成り立たない。

学習に基づく推論

こういう分類に異議を唱える人もいるが、AI（人工知能）について「専用AI（特化型AI）」「汎用AI」という分類がなされることがある。これは、個別の分野・領域に特化したAIか、それとも汎用的にさまざまな分野・さまざまな機能を果たせるAIか、という分け方である。また、「強いAI」「弱いAI」という分け方も見かける。前者は、自意識があり、行動内容を事前にプログラムしなくても、自ら状況を判断して行動できるAIを指す。後者は、その反対となる。

なんにしても、一般的なAIの定義は「人間の脳が行っている思考や学習といった能力を、コンピュータ上で人工的に作り出すシステム」といえるだろう。

「人工知能」と聞くと、つい、それをパッと持ってくれば直ちに人間と同じような仕事ができるものだと勘違いしそうになる。しかしよく考えてみて欲しい。生身の人間も、子供の頃からさまざまな教育・経験を積み重ねることで初めて、大人の社会人として生きられるのではないか。

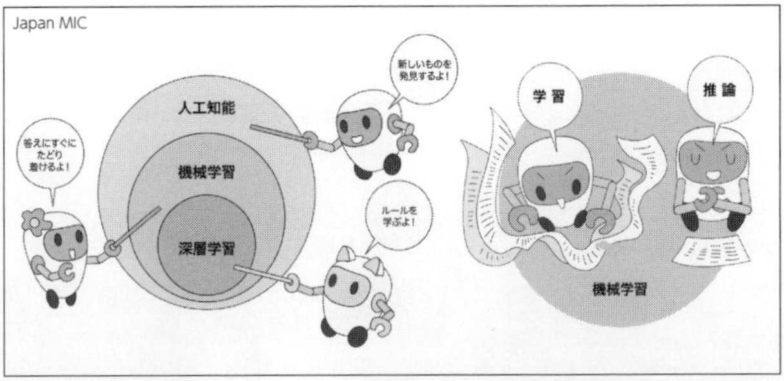

総務省のAIに関する資料に示された、「AI」「機械学習」「深層学習」（96-97ページ注釈を参照）の関係図、および「学習」と「推論」の関係図。「学習」と「推論」は「機械学習」における2つのプロセスと位置づけられ、「学習」はデータを取り込んでそこにパターンやルールを見出すこと、「推論」はそのパターンやルールに従って新たなデータを識別したり予測をしたりすることとされる

実際、AIについては「学習に基づく推論」という話が出てくる。さまざまなデータを用意して学習させると、それを取り込んでベースとすることで、自ら推論を働かせたり、状況を判断して行動できるようになったりする、といった意味になるだろうか。

クルマの運転を例にとると

「学習に基づく推論」といわれると小難しい印象を受けるが、実のところ、われわれ生身の人間が日常的に行っていることである。たとえばクルマの運転は、「学習に基づく推論」の典型といえるのではないか。

路上に出る前に教習所でひと通りのことを習うものだが、実際に免許を取って路上に出て、いろいろな条件の下で走ってみると、ときには「まさかこんなことが」といいたくなるような事態に遭遇することがある。また、条件がいい場面でばかりクルマを運転するわけではなくて、夜間には視界が妨げられる。悪天候になれば視界が妨げられるだけでなく、路面の状態も悪くなる。周囲のドライバーにも、実にいろいろな人がいる。道路の状況も路面の状況も千差万別。

危険の予測や回避という場面になると、若葉マークの新人ドライバーよりも、経験を積んでさまざまな場面に出くわしているドライバーの方が強いだろう。経験がなければ、どういう危険があり得るか、それをどういう風に回避すれば良いか、といったことが分からない。

多くのドライバーは、さまざまな状況を経験することで学習して、「以前にこういう場面でこんな経験をしたから、ここは用心しないといけないな」といったデータを積み上げていく。経験した状況が多種多様であるほどに、対応できる事態の幅も広くなると期待できる。

実際に免許を取って路上に出てみると、実にさまざまな状況に直面する。そこで経験を積むにしたがって危険の予測もできるようになるものだが、ときには事故に見舞われることもある

データがオタンコナスだと学習したAIも…

ということは、どういうデータ、どういう教材を使ってどんな学習をするかによって、学習の成果に差が出てくるわけだ。駄目なデータを使って学習させれば、駄目なAIしかできない。また、データ自体がマトモなものであっても、学習のやり方次第で話がおかしな方向に行ってしまう。

これには具体例がある。米陸軍で、AIを用いて敵と味方の戦車を識別する実験を行ったときの話だ。

1991年の湾岸戦争※1で同士撃ちが多発して以来、陸戦における敵味方識別は重要な課題であり続けている。そこで、「AIで自動的に敵味方の識別をできないか」と考えた。それを実現するために、まずさまざまな戦車の映像を用意して、機械学習※2（ML：Machine Learning）にかけてみた。そうやって学習したAIにセンサー映像を送り込めば、対象の識別ができるのではないか。と、そういう流れである。

ところが、いざ本番となったら誤判定が続発した。なぜか。

米軍の戦車を撮影した写真は晴天下で撮影したものが多かったが、敵国の戦車は曇りの日に撮影した写真が多かった。たまたま、用意したデータがそういう内容だったわけだ。それを機械学習にかけたところ、戦車の外形・外見ではなく、背景のお天気の方を学習してしまった。その結果として、晴れている日の映像では「味方の戦車だ」、曇っている日の映像では「敵の戦車だ」と認識した。

ここで何が問題かというと、ひとつは（たぶん、意識はしないで）背

曇り空の下の米陸軍M1A2エイブラムス戦車。米陸軍がAIに戦車の敵味方を識別させようとしたとき、AIは学習過程で、戦車ではなく背景の特徴に注目して識別ルールを作ってしまった。かくして、曇った日の戦車映像は「敵」と認識されたという

※1：湾岸戦争
1990年8月にイラクがクウェートに侵攻、それを受けて国連は手を引くよう求めたがイラクが肯んじなかったため、最終的に武力行使に至った。そこで発生した戦争のことで、1991年1月17日に開始、航空戦に続いて地上戦に移り、イラク軍は敗走。同年4月6日に、和平の条件について定めた国連安保理決議を受諾した。

※2：機械学習
マシーン・ラーニングといい、MLと略す。人工知能（AI）が機能するために必要となる学習を自動的に行う仕組み、あるいはその研究分野を指す。AIは、取り込んだ大量のデータに潜むパターンを認識することで、初めて、自ら推論を働かせて機能できるようになる。ただし、何を学習する必要があるかについては人間が指示する必要がある。

景に偏りがあるデータを集めてしまったこと。もうひとつは、戦車の外見ではなく背景のお天気を学習したことを事前に把握できなかったこと。このことから、「どういうデータ・セットを用意するかが重要である」「学習の結果がどうなったかを検証する手段が必要である」という教訓が得られる。これもひとつの学習に基づく推論である(無限ループ?)。

そしてもちろん、学習していないことに対して推論を働かせることもできないだろう。雪道で運転したことがない温暖地のドライバーに、いきなり「雪道での危険について推測してみろ」といっても無理があるようなものだ。

軍用AIの活用法は?

具体的な話はこれから順を追って取り上げていくが、軍事分野におけるAIの活用は「データ認識」の分野と「意思決定」の分野に重点が置かれているようだ。

「データ認識」とは、たとえばセンサーが捉えた映像を見て、そこから何かを読み取る、といった類の話である。一方、「意思決定」とは、周囲の状況を把握した上で、どんな行動を起こすのが最善かを選び取って決定する、といった意味になるだろうか。どちらも生身の人間が日常的に行っていることだが、それをコンピュータにやらせようとすれば、まず人間がどういう操作、どういう考え方を通じてデータ認識や意思決定を実現しているかを、コンピュータに覚えてもらわなければならない。まさに「学習に基づく推論」である。

その学習を行う部分で、機械学習とか深層学習[※3](ディープ・ラーニング、Deep Learning：DL)とかいった話が関わってくるわけだ。

AIでドッグファイトはできるのか

いきなりこんなことを書くのも何だが、「ドッグファイトは男のロマン」ではないだろうか。映画『トップガン』で描かれていたような、あれである。

※3：深層学習
ディープ・ラーニングといい、DLと略す。機械学習では人間がデータの特徴を判断・指示するが、深層学習では機械が自らデータの特徴を判断する点が異なる。つまり、大量のデータを与えたときに、何も指示しなくても「○○について学習すればよいのだな」という判断がなされるのが深層学習。

※4：米国防高等研究計画局
英略号はDARPA。米国防総省の機関で、さまざまな「海の物とも山の物ともつかないが、実現できたら役に立ちそう」という研究プロジェクトを差配している。実際に作業にあたるのは企業や研究機関で、DARPAの仕事は「資金提供」と「目利き」。

ACE計画

米国防高等研究計画局※4（DARPA：Defense Advanced Research Projects Agency）が2019年5月に、ACE(Air Combat Evolution）という計画を立ち上げた。直訳すると「航空戦の革命」で、これだけでは何のことだか分からない。「有人機と無人機を組み合わせた、新たな戦闘能力の実現を企図したプログラム」といわれても、まだ何のことだか分からない。抽象的すぎる。

ACE計画が企図したことのひとつが、AIに対する信頼（trust in AI）を高めて、人間が受け持つには負荷が高い分野をAIに受け持たせること。それにより、戦術の組み立てみたいな「人間でなければできない仕事」に人間が集中できるようにするという狙いがある。

その「負荷が高い分野」の例として挙げられているのが、戦闘機同士の近接格闘戦、いわゆるドッグファイトというわけである。2019年5月17日に企業向けの説明会を実施した上で、研究開発の作業に取りかかった。

同年11月19日から21日にかけて、ジョンズ・ホプキンズ大学応用物理学研究所（JHU/APL：Johns Hopkins University Applied

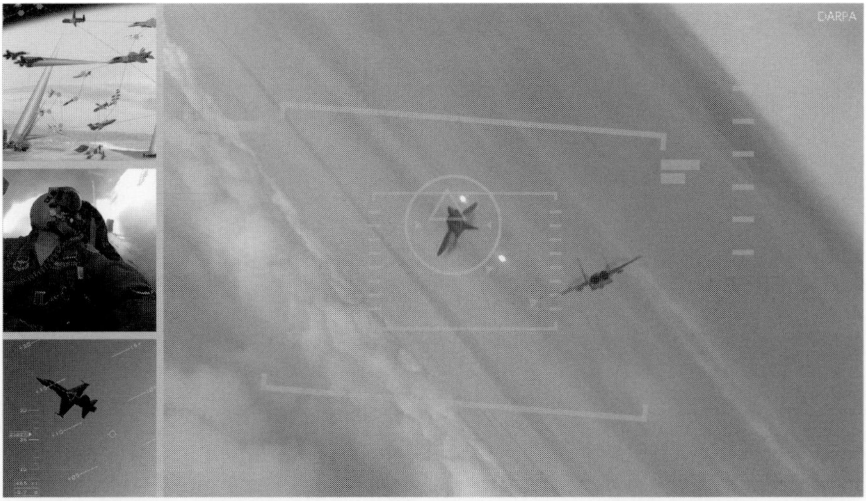

2019年5月にDARPAが、ACE計画発表の際に使用した画像。人間と機械の協働によるドッグファイトを最初のチャレンジ・シナリオとし、挑戦者を求めた。状況把握を筆頭に、戦闘機パイロットが実際にやっていることをAIに学習させなければ、AIが空中戦を戦うことはできない

Physics Laboratory）で最初のトライアルを実施しており、そこからさらにアルゴリズムを煮詰めた。また、2020年3月にはネバダ州のネリス空軍基地にある米空軍のイノベーション拠点AFWERX[※5]で、第三次のトライアルを実施したようだ。

当初の計画では、2020年の4月に“アルファドッグファイト・トライアル・ファイナル”と題した最終試験を実施するはずだったが、COVID-19の影響で延期になった。そして同年8月、AFWERXにおいて、予選を勝ち残った格闘戦AIと、F-16戦闘機のシミュレータを操るパイロットによる1対1の対戦を行った。

ちなみに、このトライアルに参加したチームは以下の陣容だった。

●オーロラ・フライト・サイエンス[※6]
●EpiSysサイエンス
●ジョージア技術研究所
●ヘロン・システムズ
●ロッキード・マーティン[※7]
●パースペクタ・ラボ
●physicsAI
●SoarTech

この中で馴染み深い名前というと、オーロラ・フライト・サイエンスとロッキード・マーティンぐらいだろうか。

敵機を見つけられるか？ 優劣を判断できるか？

さて、筆者は当然ながら自分で格闘戦に出たことはないので、聞いたり読んだりした話になってしまうのだが。

格闘戦ではまず、何はなくとも敵機の位置と動きを把握しなければならない。パイロットはそのために、首をぐるぐる回して周囲の状況を見ている（映画『トップガン』でもやっている）。複座機だと乗っている人数が倍増するので、使える目玉の数も倍増して、状況認識という意味では有利であるらしい。

では、これをAIにやらせるにはどうすればよいか。人間の目玉の代わりに、敵機を探して見つけるセンサーが必要になるはずだ。普通ならレーダーの使用を考えるところだが、あいにくと戦闘機のレーダー

※5：AFWERX
米空軍研究所（AFRL）の下で、革新的な技術の研究開発に取り組んでいる部門。

※6：オーロラ・フライト・サイエンス
アメリカの航空機メーカーで、ボーイングの傘下にある。特殊用途の無人機などを手掛けている。

※7：ロッキード・マーティン
世界最大の航空宇宙・防衛関連企業。航空機メーカーのロッキードと、マーティン・マリエッタが合併した際に現社名となった。ミサイル、センサー、各種防衛電子機器、航空機、艦艇など、多種多様な製品を手掛けている。

※8：オフボアサイト
ボアサイト（bore-sight）とはもともと、銃器の銃身、火砲の砲身における中心軸線のこと。つまり銃身や砲身が向いている方向を意味する。そこから外れた範囲がオフボアサイト。戦闘機の場合、真正面以外の、側方・後方を意味する。

は機首に前方向きのものが付いているだけだ。たまに例外があるが、それとて全周をくまなく均等にカバーしているわけではない。

格闘戦用空対空ミサイルの中には、オフボアサイト[※8]、つまり機体の真正面以外の範囲まで捜索範囲を広げたものがある。たとえば、真横にいる敵機に向けて撃つよう指示すると、発射したミサイルはそちらに向けて急旋回して飛んでいく。

その目標指示の手段は、パイロットが被るヘルメットに組み込まれている。パイロットが右の真横を向いて敵機を見つけたら、操縦桿やスロットルレバーに付いているボタンを押すか何かして目標を指示して、情報をミサイルに送り込んで撃つわけだ。

では、パイロットが乗っていなかったらどうするのか？　見つけた後の目標指示はAIがやってくれるとしても、誰が目標を見つけるのか？これが第一の課題。

敵機を見つけて、それがどちらに向けて動いているかを把握したら、パイロットは敵機の動きの“先を読み”、それに基づいて“自機をどこに持って行けば相手を墜とせるか”を判断して機体を操る。その、機体を操る適切なタイミングを読むことを指して“機眼”という言葉を使うパイロットもいる。

また、状況次第では「これはダメだ」と判断して、撃ち落とされる前に離脱することもある。命あっての物種である。いや、AIに生命はないけれども。こうした先読みと状況判断が、第二の課題になる。

AIに先を読ませるには

極めて端折って書いてしまったが、こうした格闘戦のプロセスをAIにやらせようとすると、どちらが本当の課題になるだろうか。

まず、先に書いた“敵機の位置と動きの把握”だが、これは基本的にセンサーの問題だ。それに対して、“先読み”と“自機をどう操るかの判断”は単純なプログラムでは対応しきれず、AIが受け持たなければならない分野であり、これが最大の課題になると考えられる。

パイロットは、“敵機の動きの先読み”と“自機をどう操るかの判断”を経験の蓄積によって磨き上げている。そうしたノウハウを、どのようにAIに学習させるのか。そして、学習させたものがどこまで通用するのか。たぶん、ACE計画の勘所はそこにあったはずだ。

しかも、一対一ならまだしも、複数機同士の対戦になれば、さらに動きは複雑化する。そこでは単なる「尻の取り合い」にとどまらず、1機が囮になって敵機を引きつけておいて、そこで僚機が敵機のオカマを掘る、なんてことになるやもしれない。そのためには、複数機の間で意思の疎通を図りながらどう連携させるか、という課題を解決しなければならない。そこまでAIで対応できるかどうかを見極めなければ、「AIに対するパイロットの信頼」も何もあったものではない。

すると、過去の経験・知見を学習させた上で、さまざまな状況を設定したり、生身のパイロットが操るシミュレータと対戦させたりして、AIによる格闘戦のロジックを磨き上げる。それだけでも十分に手間がかかりそうだ。敵機を探知する手段の話は、後回しでもいい。

ACE計画では、実機を使った実証試験を計画している。そこでは、まず1対1、次に2対1、そして2対2、といった具合に、段階的に機数を増やし、話を複雑にしていくようだ。シナリオが複雑になれば、そこで使用するロジックの熟成にも時間がかかるだろうから、当然の成り行きである。

余談だが、ACEという計画名称。冒頭で書いたように頭文字略語

アルファドッグファイト・トライアルが終了した半年後、DARPAが示した次なるステップは、2対1による短射程ミサイルも取り入れたAI空中戦。シンプルな1対1ならまだしも、実際の戦闘では多数の機体が入り乱れるのが普通。そうした中で状況を認識して自機を的確に操るのはハードルが高い。この画像は、ACEのアルゴリズム開発チームが公開した模擬ドッグファイト動画から切り出したもの

※9：バクロニム
頭文字略語（acronym）とは、システムや製品などの名称を構成する単語群の頭文字を並べたもの。それに対してバクロニムとは、backとacronymをくっつけた造語。先に略語があり、それに合う単語を拾い集めてきてねじ込むところが、本来の頭文字略語とはあべこべなのでbackという。

だが、先に名前が決まって、そこに適当な英単語を当てはめた、いわゆるバクロニム[※9]の香りがする。なぜなら、昔から戦闘機パイロットの世界では、5機撃墜を記録すると“エース”と呼ばれるならわしがあるからだ。

アルファドッグファイト・トライアルの裏側

さて。そのDARPAのACE計画の下、AIがF-16戦闘機のパイロットと模擬対戦する、“アルファドッグファイト・トライアル”というイベントが行われた。そして、トライアル8チームの頂点に輝いた格闘戦AIは、パイロットを5戦連続で破った。ただし結果だけ見て大騒ぎしてはいけませんよ、というのがここからのお話。

学習プロセスがキモ

たぶん、このトライアルに関するニュースを見て「AIが戦闘機パイロットに5：0で完勝した！　もう有人戦闘機は時代遅れだ！　これからはAIが操る無人戦闘機の時代だ！」と吹き上がっている人が、そこここにいるのではないかと思われる。でも、そういう人はたぶん、トライアルを実現するまでの流れや詳しい条件設定について見ておらず、結果だけを見ている。

格闘戦の分野に限った話ではないが、素の状態のAIは生まれたての子供みたいなもので、「何も知らない」状態である。だから、トライアルに参加した8チームはそれぞれ、まず学習のプロセスを走らせる必要があった。

つまり、戦闘機パイロットが格闘戦において何を考えて、どう動き、何を避けようとしているのか。何か選択や判断を迫られたときの優先順位付け（重み付け）や意思決定はどうするのか。そういった諸々を、まず学習させなければ話は始まらない。

先に名前を挙げた8チームの中から予選で勝ち上がり、F-16パイロットとの最終決戦に勝ち進んだのは、ヘロン・システムズという会社だ。同社では戦闘機パイロットの12年分の経験に相当する、約40

DARPA

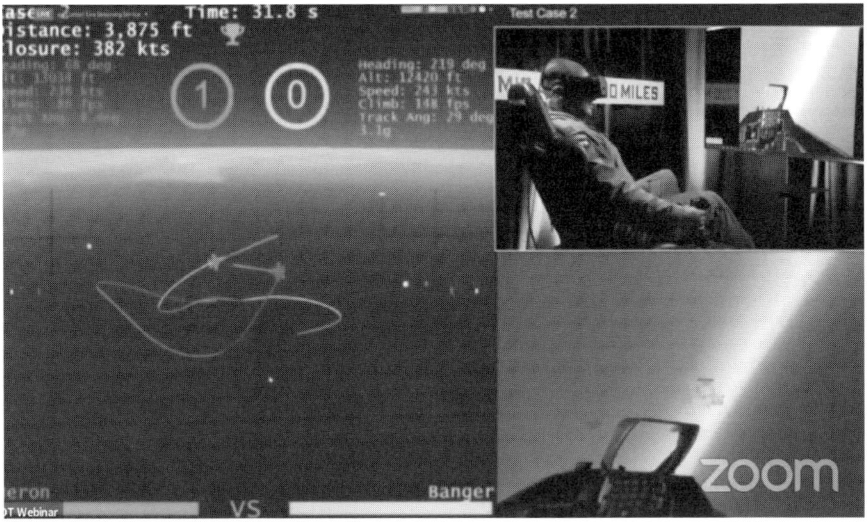

アルファドッグファイト・トライアル・ファイナルのシンボルイメージ(左)と、ネット中継された、シミュレータを操るF-16パイロットとヘロンAIとの対戦の模様(上)。左画面は空中戦の立体機動図で、「1」の撃墜スコアをあげているのはヘロンAI。右上はVRゴーグルを装着して戦闘中のパイロット、右下はパイロット視点の映像

億回のシミュレーションを実施した。その中で「やっていいこと」「やってはいけないこと」「重み付け」に関する学習を行わせたという。

これが何を意味するかというと、AIが格闘戦をやるためには、まず学習が必要であり、学習させるためには質の良いデータが不可欠ということ。筆者があちこちで書いていることだが、ダメなデータを学習させてもダメなアウトプットしか出てこない。

決して現実に即していたとはいえなかった条件

このトライアルに関する記事の中で、大事なことを書いているものがあった。それは「AIは事前にすべての情報を与えられていた」ということ。

軍事には状況認識という言葉がある。つまり、実戦の場では、敵がどこにいてどちらに向かっているのかを完全に把握するのは難しく、

それをどこまでやれるかが重要だということ。

その問題をなんとかしようということで、目視による状況把握を改善するために、戦闘機のコックピットは上方に突出して、しかも全周視界を確保できるようなキャノピーを組み合わせている(空力的な観点からすれば不利な形状である)。また、視線を計器盤に落とさなくても済むようにHUD※10 (Head Up Display) やHMD※11 (Helmet Mounted Display)を搭載するようになったし、F-35のEO-DAS※12 (Electro-Optical Distributed Aperture System) みたいな「昼夜兼用の全周視界装置」まで現れた。

また、地上のレーダーサイトや空中のAWACS機が全体状況を把握して、それを口頭、あるいはデータリンク経由でパイロットに知らせてくる仕掛けもできた。味方の戦闘機同士で息の合った連携を図るにしても、データリンクや無線通信による情報共有や意思の疎通は不可欠だ。

そういった、あれやこれやを駆使することで初めて、状況認識が実現している。そして、どういう風に動いてどう交戦するかを判断・決定することができる。状況認識ができていないと、知らない間に敵機に忍び寄られて、訳が分からないうちに撃墜される。

そういう観点からすると、AI側が「事前に必要な情報を与えられていた」のは、それだけでもう、圧倒的なアドバンテージがあったといえる。

しかも、“アルファドッグファイト・トライアル” では、通常の有人機同士の交戦ではやらないような近距離まで踏み込んで、交戦する場面もあったという。実際はあまり接近しすぎると、敵機を撃墜できたとしても、その際に飛散した破片で自機が傷つく可能性がある。“アルファドッグファイト・トライアル” では、そういうところの配慮は無視したといえる。

つまり、このトライアルで実証できたのは、「状況認識を実現した後の格闘戦で、AIが人間と同様に機能できた」というところに限定されるのではないか。もちろん、それはそれで重要な一歩だ。これが実証できなければ、「AIに対する信頼の確立」は成立しない。

また、自機の損傷を構わずに敵機の内懐まで突っ込むのは、人が乗っていない無人機でなければ実現できない芸当だ。そうなると格

※10：HUD
「ハッド」と読む。計器盤に視線を落とさなくても情報を得られるように、操縦士の真正面に設けた透明な板（普通はハーフミラーを使う）に情報を投影する仕掛けのこと。

※11：HMD
HUDは計器盤の上部に固定されたハーフミラーに情報を投影するので、真正面を見ていなければ使えない。それに対してHMDは、パイロットが被っているヘルメットのバイザーに映像を投影するため、どちらを向いていても情報を得られる。その代わり、頭の向きに合わせて適切な情報を表示する必要があるため、頭の向きを検出する仕組みが必要になる。

※12：EO-DAS
日本語では「電子光学分散開口システム」という。F-35が備える装備で、機首正面、背面、胴体下面の前後方向、機首の両側面に備える6ヶ所の赤外線センサーから映像を得て、パイロットが被っているヘルメットのバイザーに映像を投影する。頭の向きに合わせて映像を表示するので、理屈の上では床を素通しにして真下を見られる。最初のモデルAN/AAQ-37はノースロップ・グラマン製だが、レイセオン・テクノロジーズが新型を開発中。

闘戦AIが不可欠なものになるから、戦術見直しにつながる素地を作ったともいえる。そういう事情を無視して、「5：0」という結果だけ見て大騒ぎするのは、いささか浅薄に過ぎるのではないだろうか。

AIにどんな使い道があるか

とりあえず、華のある話題で盛り上がったところで元の話の流れに立ち返り、具体的なAIの活用事例を眺めつつ、「こういう分野で多用されている」という傾向を拾ってみようと思う。

AIによる目標の識別

米海空軍の空対艦ミサイル・AGM-158C LRASM（Long Range Anti-Ship Missile）で、誘導制御にAIを活用している、という話はすでにあちこちで書かれている。具体的な内容は公になっていないが、AIを活用するのであれば目標識別ではないか、と筆者は推測している。

LRASMは一般的な対艦ミサイルと異なり、レーダーを使用しない。隠密性を高めるために、自ら電磁波を出すアクティブな探知手段は用いず、電波や赤外線映像を受信するだけで目標を捉えて誘導するようにしている。すると「賢い目標識別」が求められるので、AIを活用することになったらしい。ちなみに、ミサイル自体はロッキード・マーティンの製品だが、誘導制御の部分を手掛けているメーカーはBAEシステムズである。

ロッキード・マーティン製の空対艦ミサイルAGM-158C LRASM。ステルス空対地ミサイルのAGM-158 JASSMがベースで、洋上を移動する艦船と交戦するために誘導システムを変更した。この誘導システムでは、AIを目標認識に活用しているとされる

LRASM以外でAIの活用を明言している精密誘導兵器としては、イスラエルのラファエル・アドバンスト・ディフェンス・システムズが開発したSPICE 250誘導爆弾がある。AIと深層学習を活用した自動目標識別（ATR：Automatic Target Recognition）機能を持たせているとの触れ込みだ。ちなみに、SPICEはSmart, Precise-Impact, and Cost-Effectiveの略で、香辛料とは関係ない。

イスラエルのラファエル・アドバンスト・ディフェンス・システムズが開発した誘導爆弾、SPICE250のイメージ画。重量が約250kgあるのが名前の由来。目標識別にAIが活用されている模様。誘導には電子光学センサーを使う

この誘導爆弾は、目標を捕捉する手段として電子光学センサーを備えている。すると、可視光線映像、あるいは赤外線映像の形で目標を捕捉することになる。もちろんデジタル化されているから、映像はなにがしかのビット列になる。

近年、デジタルカメラの業界では「瞳認識」や「動物認識」など、特定の被写体を自動的に検出して、そこにピントを合わせます、という機能を謳う製品が増えている。考え方はそれと似ているが、対象が違う。瞳にピントを合わせる代わりに、たとえば敵の軍用車輛を見つけて爆弾をヒットさせる。

といっても、口でいうほど簡単な話ではない。軍用車輛といっても車種はたくさんあるし、ときには民間用の車両がターゲットになるかも知れない。ゲリラ組織やテロ組織では、民生品のピックアップトラックをよく使っているからだ。しかも、同じ被写体でも季節、背景、時間帯により、見え方は違ってくる。だから、さまざまな被写体のさまざまな見え方に関する映像データを集めて、学習させなければならない。

同じラファエルのLITENING 5ターゲティング・ポッドは、得られたデータを地上側の処理システムに送り、そちらでAIを活用して目標を拾い出す機能を用意しているという。こちらも電子光学センサーを備えているのは同じだから、基本的な考え方はSPICE250誘導爆弾と似ていると推察される。

つまり、事前に「この目標はこういう風に見える」というデータを大

量に学習させておくことで、実際にセンサーが捕捉した映像データから、学習済みの目標を拾い出そうということではないか。

逆に、バックグラウンド・ノイズを排除することで目標を拾い出す使い方もある。UAV探知システム「ドローン・ドーム」がそれだ。建物や植生などがレーダー電波を反射しても、それは誤探知の元である。そうしたバックグラウンド・ノイズを無視して、小型かつ低速の無人機という探知が困難な目標だけを拾い出すために、実際にレーダーを稼働させて受信データを解析しながら、「これは本物の目標、これはノイズ」といった学習を重ねて、進化していくのだという。

イスラエルのラファエル・アドバンスト・ディフェンス・システムズが開発した、無人機対策システム「ドローン・ドーム」。レーダーと電子光学センサーを用いて、小型で低速の無人機でも探知できるとの触れ込み。探知した無人機が脅威になると判断した場合には、妨害電波によって無力化する

整備におけるAI活用

AIが役に立ちそうな分野のひとつに、「過去のデータの蓄積に基づく予察」がある。

何も軍の装備品に限ったことではないが、維持整備に際してはTBM※13 (Time Based Maintenance)、つまり「一定の期間あるいは運用時間が経過するごとに、点検・整備・部品交換を実施する」という形が主流になっている。クルマの車検が典型例だ。その「一定の期間あるいは運用時間」は、設計データあるいは過去の経験に基づいて決めているわけだが、場合によっては「まだ交換しなくてもいい部品を交換する」といった事態が生じてしまう。

そこで出てきた考え方がCBM※14 (Condition Based Maintenance)、つまり「個々のモノごとに、実際の状況に応じた点検・整備・部品交換を行う」という考え方。必要なときに必要なことをやるようにすれば、効率化と経費節減になるという理屈になる。

※13：TBM
クルマの車検みたいに期間を基準とするほか、鉄道車両なら走行距離、飛行機なら飛行時間を基準として、一定の間隔ごとに整備点検を実施するやり方。

※14：CBM
一律に間隔を定めるのではなく、対象物の状況に合わせて適切な整備点検を実施するやり方。ただし、対象物の状況を適切かつ確実に把握できることが、CBM導入の前提となる。

※15：ERCM
米空軍が推進している、AIを活用して航空機整備の効率化を図ろうとするプログラムの名称。整備データを解析して、それを基に不具合発生の時期を予測しようとしている。

※16：M88装甲回収車
アメリカなどで使われている装甲回収車。損傷や故障によって動けなくなった戦車などを牽引して後方の整備拠点まで移動したり、その場でクレーンを用いてエンジンの載せ替えを行ったり、といった使われ方をしている。

ただしCBMが成り立つためには、その「実際の状況」を的確に把握できなければならない。それに、トラブルが起きてから整備に回すのでは具合が悪いから、「そろそろ点検・整備・部品交換が必要な状況ではないか？」と事前に予察できるようにしたい。そうすれば、事後対処ではなくて予防整備が可能になる。

そこで、機器についてセンシングしてデータをとり、それをAIによって解析することで予察につなげようという話が出てくる。一例を挙げると、米空軍ではERCM[※15]（Enhanced Reliability Centered Maintenance）という計画を進めている。AIと機械学習を活用して整備データを解析して、不具合発生時期の予測につなげることを企図したものだ。

ERCM計画では最初に、C-5輸送機、KC-135空中給油機、B-1B爆撃機の3機種で試行した後で、2020年7月13日に対象機種の拡大を発表した。その陣容は以下の通りで、主力機の大半が含まれている。航空機だけでなく、弾道ミサイルも対象に含んでいるのが面白い。

- F-15戦闘機
- F-16戦闘機
- A-10攻撃機
- AC-130特殊戦機
- MC-130特殊戦機
- CV-22オスプレイ特殊戦機
- HH-60G救難ヘリ
- C-17A輸送機
- RC-135偵察機
- B-52H爆撃機
- MQ-9無人攻撃機
- RQ-4無人偵察機
- LGM-30ミニットマンIII弾道ミサイル

一方、米海兵隊でも同じような動きがある。こちらではレイセオン・テクノロジーズが、AI分野のソフトウェアを手掛けているUptakeという会社と組んで、米海兵隊のM88装甲回収車[※16]を対象とする予防整備の実現に乗り出すことになった。ちなみに装甲回収車とは、故障や戦闘被害で動けなくなったり、壊されたりした戦車を後方に引っ張って回収するとともに、修理するための車両だ。

車上でのデータ記録・処理・搬送をレイセオン・テクノロジーズが、データ解析とコンポーネント・レベルの予察をUptakeが、それぞれ担当する。これも、TBMからCBMに移行することを企図した動きである。

AIによるデータ解析

データは大量に集めて積み上げるだけでは意味がなく、それを解析して、意味のある情報を拾い出して、初めて役に立つ。ところが、データが大量に集まるほど、それを解析して有意な情報を拾い出す作業は面倒になる。何か特定のパターンがないか、といってデータの山と格闘する場面でも、事情は変わらない。衛星写真の解析では、日常的に起きていることである。

そこで米国防高等研究計画局（DARPA）が取り組んだ解析ツール開発案件が、COMPASS[※17]（Collection and Monitoring via Planning for Active Situational Scenarios）。これは、紛争などに絡んで発生する大量のデータを収集・解析して、背後にある証跡や分析を提示するというものだ。ユーザーは軍の分析担当者や計画担当者である。すでに、2020年の春にプロトタイプを実地に試してみている。今後の動きに注目してみたい。

情報システムにAIを持ち込む動きは、これ以外にもある。米軍ではDCGS[※18]（Distributed Common Ground System）という三軍共通の情報システムを運用しているが、それの改良版であるCD2[※19]（Capability Drop 2）を開発する際に、AIを利用するデータ分析機能を取り込むことになった。開発担当はBAEシステムズだ。

センサーが捕捉したデータの中から本物のターゲットを拾い出す作業にAIを活用する動きもある。これも一種の「データの解析」といえる。そして、誘導武器やターゲティング・ポッドだけでなく、衛星画像の解析に活用する事例も出てきている。その一例が、ロッキード・マーティンが2019年6月に発表した衛星画像解析システム・GATR[※20]（Global Automated Target Recognition）。これもまた、べらぼうな分量のデータから有意な情報を拾い上げるためにAIを活用しようとする取り組みのひとつといえる。

衛星画像の解析では、単に1枚の写真から何かを見つけ出そうとするだけでなく、同じ場所を異なるタイミングで撮影した複数の写真を比較照合する作業が発生する。たとえば、某国の核関連施設や核実験場、ミサイル試験場を定期的に偵察衛星で撮影していれば、比較して差分をとることで「以前と違う施設が増えている」とか「新たに

※17：COMPASS
紛争に関わる情報の解析を迅速に行う目的で、DARPAが実施した研究プログラムの名称。

※18：DCGS
アメリカ軍で使用している情報システムで、情報収集・監視・偵察に関わる計画立案や、得られたデータの取り込み・処理・配信といった機能を提供する。

※19：CD2
DCGSの改良バージョンを示す言葉。C（Capability）は能力のことだが、D（Drop）とはこの場合、「新機能を開発者から利用者に向けてリリースする」という意味になる。

※20：GATR
ロッキード・マーティンが開発した、衛星画像の処理システム。名称は「全地球規模で自動的に目標を識別する」という意味。

※21：可視光線映像
可視光線、つまり人間の目玉で見える映像のこと。対象物に可視光が当たり、その反射を網膜で捉えることで対象物を「見て」いる。だから、対象物に当たる光がない暗闇では何も分からない。

※22：赤外線映像
対象物が発する赤外線の強弱をセンサーで捉えて、映像化したもの。可視光線映像を得られない夜間に有用性を発揮する。通常、赤外線映像の表示装置では、赤外線が強いところを白く表示する「ホワイト・ホット」と、赤外線が強いところを黒く表示する「ブラック・ホット」の切り替えが可能。

Lockheed Martin

ロッキード・マーティン社の衛星画像解析システム、GATRの紹介資料からの引用。クリミア半島（面積は四国の約1.5倍）の高解像度画像から航空機だけを検出させ（左上画像の白い部分）、ロシア軍基地の軍用機（右の画像2枚）から農場の農薬散布機（左下画像）まで多くの航空機を検出した。要した時間は12時間。軍用機と民間機を見分けることや、航空機の出入りといった経時変化の検出も可能という

何かが搬入されている」といったことが分かる。

衛星写真の比較照合は、知識と経験と記憶力と根気が問われる面倒な仕事だ。また、同じタイミングで撮影した可視光線映像※21と赤外線映像※22を比較する、というタスクも発生する。可視光線映像では怪しいモノが何も見当たらないのに、赤外線映像では怪しいモノが映っていた、ということもあり得る。そうした作業をAIにやらせて、相応の成果が上がればメリットは大きい。最後の「詰め」を人間がやるにしても、その前段階で篩をかける作業を自動化できれば、人的負担は大幅に軽減できると期待できる。

偵察衛星は、飛ばして写真を撮るだけでは役に立たない。撮った写真から有意な情報を拾い出すことができて初めて、役に立つ存在になるのである。そのプロセスを効率的に、迅速にできる手段ができればありがたい。

そのロッキード・マーティンは別口で、ISR用のセンサー・ポッドにAIを持ち込み、ターゲットの位置標定や自動経路設定、目標の確認を行う試験を2020年の春に実施した。機材一式をポッド化してF-16に搭載したという。先に取り上げた、ラファエル・アドバンスト・ディフェンス・システムズのLITENING 5ターゲティング・ポッドの事例では、データを地上に送って処理した。それに対してロッキード・マーティンの事例は、ポッドそのものに解析機能を持たせているようである。

測位の支援

センサー・データの解析といえば、2020年7月に、ちょっと面白そうな話が報じられた。

近年、GPSに対する妨害や欺瞞の問題が表面化してきている。GPSはPNT、つまり測位だけでなく航法や測時の手段としても重要なので、それが妨害されたときのダメージは大きい（だからこそ、敵対勢力は妨害に走るわけだが）。そこで、GPSが使えなくなった、あるいは信頼できない状況になった場面に備えて、代替PNT手段に関する研究がいろいろ進められている。

そして、量子時計、あるいは慣性航法システム※23（INS：Inertial Navigation System）の小型・高精度化に加えて、地磁気※24の利用という話が出てきた。手掛けているのは米空軍で、磁力計を装備してデータをとるのだという。ところがあいにくとノイズが多い。そこで、そのノイズを排除するためにAIを活用することで、誤差を10mまで追い込める可能性が見出されたのだそうだ。まだ研究段階であり、これが本当に実用品として出てくるかどうかは分からないが、こんな使い方もありますよ、という一例にはなる。

電子戦とAI活用

次に、電子戦と関連分野におけるAIの活用について取り上げてみる。熟練したオペレーターの養成が求められるからこそ、AIを活用したいという考えが生じてくる分野だ。

対象分野は三本柱

電子戦は、敵の電磁波システムを妨害するEA※25（Electronic Attack）、妨害への対処を主軸とするEP※26（Electronic Protection）、そして妨害のために必要な情報を収集するES※27（Electronic Support）が三本柱だ。そのいずれにおいてもAIを導入できる可能性は考えられる。

※23：慣性航法システム
英略号はINS。加速度を時間で2回積分すると、移動距離が得られる。その計算を直交する三方向について適用することで、起点からの移動方向と移動距離を三次元のデータとして得られる。それを利用して現在位置を割り出すシステム。最初に、起点となる位置の緯度と経度を正しく入力しなければならない。

※24：地磁気
地球が持つ磁性（磁気）と、それによって地球に生じる磁場（磁界）のこと。これがあるので方位磁石が機能できる。

※25：EA
電子攻撃の意。電子戦のうち、敵が使用するレーダーや通信に対して妨害電波を照射して、機能を妨げる行為。ECM（Electronic Counter measures）ともいう。

※26：EP
電子防御の意。電子戦のうち、敵がEAを仕掛けてきたときに、それに打ち勝つ手段あるいは手法をEPという。ECCM（Electronic Counter Countermeasures）ともいう。

※27：ES
電子支援の意。電子戦のうち、敵のレーダーや通信機などが発する電波を傍受・解析して、EAやEPを実現するために必要となるベース資料を構築する作業。ESM（Electronic Support Measures）ともいう。

※28：変調方式
電波を用いて通信を行う際に、各種の情報を電波に載せる手法のこと。電波は「波」の形で伝搬するから、波の幅（振幅）や頻度（周波数）といった要素がある。そこで、元のデータに応じて振幅や周波数を変えるのが変調。受信した側では逆の操作を行い、元のデータを取り出す。

※29：パルス繰り返し数
レーダーの多くはパルス・レーダー、つまり間欠的に電波を出している。「電波を出す」→「反射波が戻ってくるかどうか聞き耳を立てて待つ」のサイクルを繰り返すが、その送信頻度を示すのがパルス繰り返し数で、PRFという。

※30：パルス幅
パルス・レーダーが、個々のパルスの送信ごとに電波を発する時間の長短を、パルス幅という。パルス繰り返し数が同じでも、パルス幅は必ずしも同じにはならない。

※31：モジュラー型
システムを構成する諸要素をすべて一体にしないで、機能ごとに分かれた部品（モジュール）にしておくやり方。こうすることで、部品単位で改良が可能になるので継続的な能力向上をやりやすい。防衛電子機器の分野では、こうして機能ごとに別々の部品に分けるのが一般的。

まずES。広帯域受信機を用意して、さながら真空掃除機のように傍受させれば、さまざまな電磁波に関するデータが集まってくる。しかし、単にデータを積み上げておくだけでは意味がない。収集した電波について、周波数、変調方式※28、（レーダーみたいにパルスを出すものなら）パルス繰り返し数※29（PRF：Pulse Repetition Frequency）やパルス幅※30、といった情報を得なければならない。つまり、受信した電波の解析こそが大事である。

それだけならAIが世に出る前から行われている作業だが、それをさらに効率的、かつ確実に行うためにAIを活用できないか、という発想が出てくるのは無理もない話。実際、ドイツのヘンゾルトはカレトゥロン（Kalætron）電子戦システム・ファミリーを手掛けているが、そこでAIの活用を謳っている。カレトゥロン・ファミリーは航空機搭載用の電子戦システムで、そのうち脅威の探知、つまりESを受け持つのは「カレトゥロン・インテグラル」。

ヘンゾルト社のリーフレットから、カレトゥロン・インテグラルの運用イメージ。内蔵またはポッド形態で航空機に搭載し、電子情報の収集を通じて、さまざまな環境下で敵性の電波信号やそのネットワークを特定、シームレスに情報提供するとしている。AIは受信した電波の解析・識別をスピーディに支援する

もっともESの場合、「平時の情報収集」と「戦闘任務中の自衛」では切迫度が違う。平時の情報収集であれば、とりあえずデータを持ち帰ってじっくり解析する余地があるが、「戦闘任務中の自衛」では敵性電波を受信したその場で瞬時に解析・識別をしないと命に関わる。すると、AI活用の優先度が高いのは、こちらの方かもしれない。

さらに同社は2020年4月に、能動的な電子戦を仕掛ける航空機用のモジュラー型※31電子戦システム「カレトゥロン・アタック」を開発した、と発表した。つまりEA分野の製品である。敵が使用するレーダーなどの電波を妨害するには、ESによって得られたデータに基づいて対象を精確に識別した上で、もっとも効果的と考えられる種類の妨害を仕掛ける必要がある。

自衛を確実に行うためのAI活用

電波妨害といってもいろいろな種類がある。高出力のノイズを出して通信やレーダー・パルスの送受信を妨げる方法があれば、ニセの通信やニセのレーダー・パルスを送り返して邪魔をする方法もある。どの方法をどのように実行するかを判断・実行する過程で、AIを活用する話も出てくるだろう。

ことに戦闘機や爆撃機の自衛用電子戦システムでは、脅威は切迫しているから、悠長に対応策を考えている余裕はない。敵の射撃管制レーダーが自機を捉えていると分かれば、次はすぐに対空ミサイルが飛んでくる。それから身を護るためには、射撃管制レーダー、あるいはミサイルが内蔵する誘導レーダーをただちに妨害しなければならない。しかし、相手を正しく識別しないと、正しい対処方法が分からない。いくら迅速に対応できても、対応手段が間違っていては意味がない。

だから、自衛用電子戦システムを作動させるには、「脅威の識別」→「的確な対応手段の選択」→「その対応手段の実行」というプロセスが必要。そのうち識別と選択のプロセスでAIを活用した上で、得られた結論を自動的に実行する、というフローになる。

ではEPはどうか。たとえば、妨害されたときに妨害されっぱなしでは、自機のレーダーや通信システムが機能不全を起こす。周波数を変えたり、利得を調整したり、その他の対応手段を講じたりして、妨害をかわそうと工夫をする。これもまた、「脅威の識別」→「的確な対応手段の選択」→「その対応手段の実行」というプロセスをたどるから、やはりAIの活用によって迅速・確実な実行を図れないかという話になる。

いずれをとっても、熟練した電子戦オペレーターの仕事をAIに学習させなければ成立しないのは、いうまでもない。

いわゆる忠実な僚機とAI

ここまで挙げてきたAIの活用事例は、どちらかというと「探知」「状況認識」に関わるものが多い。では、もうひとつの「意思決定」の方はどうか。そこで出てくるのが、ここ数年ほど、業界を賑わせているキーワードのひとつになっている「忠実な僚機※32」(loyal wingman)。Royalなら「王族の僚機」になってしまうところだが、頭文字は “r” ではなくて “l” である。

有人機と無人機のチーム化

そもそも僚機とは忠実なものであろうに、という話はともかく。この「忠実な僚機」が企図しているのは、有人機と無人機のチーム化。いわゆるMUM-T※33(Manned and Unmanned Teaming)の一種といえる。

MUM-Tの事例はすでにあり、たとえばAH-64E※34アパッチ・ガーディアン攻撃ヘリでやっている。ただし、この場合のMUM-Tは攻撃ヘリと偵察用無人機でチームを組ませて、無人機を前方に出して偵察をさせようといった話になる。

それに対して、「忠実な僚機」はもっとアグレッシブだ。ジェット戦闘機に、これまたジェット推進の無人機を組み合わせて、無人機には戦闘任務まで受け持たせる構想になっている。といっても当然ながら、交戦の可否に関する意思決定は人間の仕事。

その無人機の部分でAIを活用しますとは、たいていの「忠実な僚機」計画の担当者がいっていることである。しかし、それだけでは具体的な内容が分からない。単に「AIを使いました」というだけではキャッチフレーズに過ぎない。

「忠実な僚機」には、「有人機を突っ込ませるには危険性が高い任務を、人命の損耗を気にしなくてもよい無人機に受け持たせる」という考え方がある。具体例を挙げると、敵防空網制圧※35 (SEAD：Suppression Enemy Air Defense) だ。近接航空支援※36 (CAS：Close Air Support)も危険度が高い任務といえるが、彼我の地上軍が対峙している最前線で敵軍だけを精確に攻撃しなければならないから、いきなり無人機にやらせるには荷が重そうだ。

もちろん、先に無人機を突っ込ませて現場を偵察することで、攻撃機が目標を探し求めてウロウロしなくても済むようにしたい、という考

※32：忠実な僚機
ロイヤル・ウイングマン(loyal wingman) の日本語訳。戦闘機は2機、あるいは4機といった組み合わせで動くものだが、その際に編隊を率いる「長機」と随伴する「僚機」ができる。その僚機を有人機ではなく無人機にするのがロイヤル・ウイングマン。

※33：MUM-T
マムティーと読む。有人機と無人機を組ませて、有人機が受け持つには危険な役割を無人機に受け持たせる形態。ロイヤル・ウイングマンでは両者は比較的対等に近い立場だが、MUM-Tでは有人機が「猿回し」、無人機が「猿」といった按配になる。

※34：AH-64E
アメリカ陸軍などで広く使われている攻撃ヘリコプター、AH-64アパッチの最新モデル。MUM-Tに対応したのが改良点のひとつ。

※35：敵防空網制圧
英語ではSEAD (シード) という。航空機が敵地に突っ込む際の最大の脅威である防空システムを制圧して、撃たせないようにする任務行動の総称。ただし、撃たせないのが目的だから、必ずしも破壊とイコールではない。破壊については別途、敵防空網破壊 (DEAD：ディード) という言葉がある。

※36：近接航空支援
英語ではCAS (キャス) という。彼我の地上軍が交戦している最前線に航空機を送り込んで、交戦相手の敵軍を攻撃させる任務。彼我が近接している場面で行う任務なので、誤射・誤爆を避けるための工夫が重要になる。

いわゆる「忠実な僚機」の実現を目指して試験に使われている機体の一つ、クレイトス(Kratos)社のXQ-58Aヴァルキリーの無人機。機内兵器倉から兵装を投下している様子が分かる

えもあるだろう。しかしそれなら、ジェット推進で飛行速度が高く、一応はステルス性にも配慮していそうな「忠実な僚機」を使うほどのことではないかもしれない。もっと烈度の高い任務を想定しているとみるのが自然だろう。

教育が必要なのは同じ

“アルファドッグファイト・トライアル”について述べたように、有人機による実戦経験のデータを集めて、学習させなければ、有人機の任務を肩代わりできるAIは育たない。格闘戦と同様に、SEADだろうがCASだろうが「教育」は必要である。

たとえばSEADを担当するのであれば、「敵軍のレーダー電波を逆探知して解析、正体を突き止める」「その中から、どれをつぶすべきかを判断する」「進入・離脱の経路を決めて実行する」ぐらいのことは最低限、必要になると考えられる。レーダー電波の解析なら、すでにAIを取り込んでいる事例があるが、問題はその先だ。

場合によっては、忍び寄るのではなく、自ら目立つところに出ていって「囮」となり、敵の防空網を覚醒させる場面もあり得る。すると、「我が身を護るための回避機動」という課題も加わる。いくら「無人機なら墜とされても諦めがつく」といっても、任務を果たす前に墜とされたのでは諦めがつかない。

そういう戦術的判断も行えるようにならなければ、「人間に成り代わってAI無人機が行うSEAD」は成立しがたいのではないか。そして、戦術的判断について教育するには、まず戦術的判断ができる人材が必要になる。SEADミッションの経験がない空軍が、AIに対してSEADを教え込めるわけがない。

SEADは出たとこ勝負の要素が多すぎる

SEADはいうまでもなく、危険度が高い任務。それ故に、よしんば撃ち落とされても人命の損耗につながらない「忠実な僚機」にやらせたいミッションの筆頭に挙げられそうだ。しかし一方で、無人の機体にやらせるにはハードルが高い任務でもある。なぜか。

地対空ミサイルの発射機が、固定設置されている不動産なら、事前の偵察で位置や種類を判別できる期待が持てる。しかし、移動式ではそれができない。現場に行ってみて、初めて敵の存在が分かる。そんな調子だから、SEAD任務はどうしても「出たとこ勝負」「臨機応変」の要素がついて回るし、それ故に事前にプログラムしておくことができない。

また、ミサイル発射機と組んで動作する捜索レーダーや管制レーダーを発見してつぶすだけならまだしも、実際にはミサイルが飛んできて初めて脅威の存在が分かることもある。ミサイルの種類によっては、捜索レーダーや管制レーダーを必要としない、あるいは必須としないこともあるので、そういうことが起きる。

旧ソ連製の9K33（SA-8ゲッコー）地対空ミサイルを搭載する移動式発射機。自走できるから、事前に位置を把握しておくのは難しい

具体的な事例は動き始めている

こうした「忠実な僚機」計画のひとつに、オーストラリア空軍がボーイングと組んで進めているBATS(Boeing Airpower Teaming System)ことMQ-28Aゴースト・バットがある。機体の実大模型を2019年2月のアヴァロン・エアショー[※37]でお披露目した後、2020年5月に初号機が完成、お披露目した。機体の全長は11.7m、航続距離は3,000~3,700km、ノーズ・セクションは任務に応じて構成の変更が可能。

そのBATSを手掛けているボーイング・オーストラリアは2020年9月8日に、無人機が搭載するAIに対して目標の探知・意思決定・行動を教え込む件について「進展があった」と発表した。シミュレータによる学習を行い、それを反映できていることを飛行試験で確認できた、という趣旨だ。ただし、この試験における想定任務はISRで、実弾をぶっ放す戦闘任務まで話は進んでいなかったようだ。

まずはハードルの低そうなところで、AIに対する教育がちゃんとできることを確認した上で、さらに難度の高い任務にステップアップしていく考えではないかと推察される。これがちゃんとできないと「AIを

※37:アヴァロン・エアショー
オーストラリアのヴィクトリア州にあるアヴァロン飛行場で行われる航空イベント。まず平日に業界向けの展示会を開催して、そのまま週末に一般向けのエアショーに続けるのが通例。

MQ-28Aゴーストバット。いわゆるロイヤル・ウイングマンの始祖といえる機体で、ボーイング・オーストラリアが開発している。当初は「ロイヤル・ウイングマン」として登場し、その後はボーイング・エアパワー・チーミング・システムから「BATS」といっていた。写真は2021年3月2日に初飛行したときのもの

※38：スカイヴォーグ
スカイ（空）とサイボーグを組み合わせた造語で、Skyborgと綴る。米空軍が推進している、将来航空戦に備えた研究開発プログラム。このうち、ロイヤル・ウイングマンの開発案件はスカイヴォーグ・ヴァンガードと呼ばれる。

使いました」といっても単なるキャッチフレーズで終わってしまう。

そこのところは他の類似計画、たとえば米空軍の「スカイヴォーグ※38」などでも同様だろう。その「スカイヴォーグ」計画はというと、エドワーズ空軍基地を拠点にして自律飛行関連の飛行試験を実施、これが2020年3月に完了している。こちらもまだ、実任務に関する「教育」を行うところまでは話は進んでいないようだ。実機が出てくれば完成するわけではなく、その機体を操るAIを学習させて、学習結果について検証するところまで進まなければ、使えるものにはならない。

まずシンプルなところから始めたい

特定の戦術行動を単機で担当するのであれば、まだしも話はシンプル。しかし実際の任務では、複数機が連携して動くことが多い。有人機同士であれば、無線でやりとりしたり、データリンクで情報をやりとりしたり、といった手段を使いながら連携する。

では、その片割れが無人機になった場合にはどうすれば良いか。いくらなんでも、無人機のAIが、有人機のパイロットに対して無線機で呼びかけてきてくれるとは思えない。SFアニメと違うのだ。かといって、どういう動きをして、どこで何をするのか（回避行動、兵装の発射・投下など）、といった類の話を、任務飛行の最中に、有人機のパイロットがいちいち無人機にプログラムしている余裕はないだろう。いくつかのパターンをプログラムしておいて、その中からどれかを選択するにしても、可変要素は常に存在するのだから、事情は大して変わらない。

といったことを考えると、SEADを「忠実な僚機」にやらせる、あるいはSEADを「忠実な僚機」に支援させるのは、もっともやりたいことである一方で、簡単には実現できそうにない話でもある。いきなり有人機に取って代わらせようなどと大それたことを考えるのではなく、まずシンプルなところから始めないと、すべてがぶち壊しになる。

“アルファドッグファイト・トライアル”で試した格闘戦にしても、いきなり戦闘機パイロットの仕事をすべてAIに置き換えて、同じ条件で話を始めたわけではない。そもそもの目的が「AIでもここまでできる、ということを分かってもらう」点にあるのだ。だから、確実に実現できることに的を絞り、ときにはAIに下駄を履かせた部分も出てきたのだろう。まず、最大の核心となるところに的を絞ったわけで、これもひとつのアプローチではあろう。

指揮管制・意思決定支援とAI活用

次は、いよいよAIらしい(?)使い方というべきか。人間に成り代わって、指揮官が行っているのと同様の意思決定をAIにやらせることは可能か、という話を。そこで考えてみたのは、「学習に基づく推論」が活きるのは「戦場の霧」を吹き払う場面ではないかということ。いや、完全に吹き払うのは無理かも知れないが、フォグランプを点灯するぐらいの効果があるだけでも助かるのではないか。

ミッドウェイ海戦に見る戦場の霧

「戦場の霧」というと、一般には耳慣れない言葉かも知れない。読んで字のごとく、霧中にいるがごとくに状況がよく分からない様子を形容する表現だ。コンピュータ・ゲームでは、(そうしないとゲームにならないから)周囲の状況はよく分かっているという前提だが、実戦では話が違う。

たとえばミッドウェイ海戦。日本側が「米艦隊は出てきていないみたいだな」と思っていても、確認するために索敵機を飛ばさなければならない。ところが、索敵機の発進が遅れるという"摩擦"が発生したり、索敵機からの報告が「空母らしきもの1隻を伴う」というあやふやなものだったりする。

もっとも、報告があやふやだからといって、索敵機の搭乗員を責めるのも酷な話だ。なにしろ、遠方からサッと観測して、素早く艦種を判別しなければならない。近くまで寄って行って、時間をかけて悠長に観測している余裕はないのだ。そんなことをしていたら、敵に見つかって撃ち落とされてしまう。

また、目視による索敵では天候や光量不足に邪魔されて、明快な確認ができない可能性も考えられる。たとえ明るくても、逆光では条件が悪い。赤外線センサーなら昼夜・天候を問わないが、可視光線映像と比べると波長が長くなる関係で、映像の画質がよくない。電波を用いるセンサーは昼夜・天候を問わないが、妨害や干渉を受ける可能性がある。

こんな事情もあって、なかなか「スパッと明快な状況が分かる」とはならない。たいていの場合、ハッキリしない部分やあやふやな部分がある。これがすなわち「戦場の霧」である。

それを吹き払うためには、情報ソースを増やして監視の目を強化するとか、センサーの能力を高めるとか、情報の迅速・確実な伝達手段を構築するとかいった手が考えられるし、これらはすでに行われていること。しかし、それで問題が完全に解決するとは限らない。どこかしら、人間による推論を必要とする部分は残る。

では、人間がデータの蓄積や経験に基づいて行っている推論と同じことをコンピュータにやらせて、状況認識や指揮官の意思決定を支援することはできないか？　という考えが出てくるのは自然な成り行き。だから先に取り上げたように、センサー・データの解析にAIを援用する、なんていう話が出てくる。

動き方のパターンを読ませてみる?

学習と推論がモノをいう分野はあるだろうか、ということで思いついたのが、飛行機の機種や任務の違いによる飛び方の違い。レーダーで探知目標を追跡して、飛び方を把握できれば、それが機種や任務の違いを推測するための手がかりにならないだろうかという話である。

レーダー・スクリーンを見ているだけでは、基本的には機種の区別はつかず、単なるブリップ[※39]（輝点）である。それ以上の状況を知るには、別の方法で確認するか、推論を働かせるしかない。それを人間がやる代わりに、AIに肩代わりさせる、あるいは支援させることはできないか?

たとえば、早期警戒機や空中給油機は、最前線から離れた後方でレーストラック・パターンを描きながら飛んでいる可能性が高い。また、特殊作戦機[※40]なら夜間に低空を飛んでくるだろうから、レー

※39：ブリップ
レーダー画面に現れる、探知目標を示す輝点のこと。

※40：特殊作戦機
人員の隠密潜入や隠密脱出、敵地で行動する特殊作戦部隊向けの物資補給など、特殊作戦部隊に関わる任務を受け持つ航空機の総称。

ダーに出たり消えたりする可能性が高いのではないか。

これは、地上の車両にもいえる話。補給隊と砲兵隊と戦車隊ではそれぞれ任務が違い、動きにも違いが生じるからだ。またぞろ引き合いに出すが、トム・クランシーの小説『レッド・ストーム作戦発動』の中に、敵軍の車両の動きを調べるくだりがある。

戦線の後方と最前線の間を夜間に行き来している車列があれば補給車両隊だろうと推測できるから、それを叩けば敵軍は干上がってしまう。戦線の後方に横並びに展開する車列があれば、それは攻撃開始前の支援砲撃を担当する砲兵隊かも知れない。そうしたパターンをAIにいろいろ学習させれば、自動的にセンサーの情報を送り込んでおいて、人間の代わりに警報を出してもらえるようになるかも知れない。

艦載指揮管制装置にAIを援用

イギリス軍の研究開発部門・DSTL（Defence Science and Technology Laboratory）では、艦載指揮管制装置、つまり戦闘艦の「頭脳」にあたる部分にAIを援用する、インテリジェント・シップ[※41]（Intelligent Ship）という研究計画を走らせている。

指揮管制装置は、昔は人間が手作業と自分の頭脳に頼って行っていたプロセスを自動化することで、迅速・確実な処理を可能とするもの。その「頭脳に頼る」部分には、AIを援用する余地がある。

近年の海上戦闘では、利用できるセンサーの種類が多様化している上に、データリンクを通じて外部からも情報が流れ込んでくる。つまり扱う情報の量が増えている。それに加えて交戦のスピードが上がっており、特にターゲットの速度が速い対空戦ではその傾向が強い。そこで人間の処理能力がオーバーフローしたら一大事だから、指揮管制装置という名のコンピュータを活用している。そこでAIを援用すれば、もっと質の高い状況認識や意思決定が実現できませんか、という考えが出てきても不思議はない。

ただし、インテリジェント・シップ計画では、AIが人間に取って代わろうなんて大それたことは考えていない。先にも書いたように、当節の海上戦闘では人間にかかる負担が大きくなっているので、AIと

※41：インテリジェント・シップ
イギリス軍の研究開発プログラムで、艦艇の自律性を高めて、乗組員の負担を減らすことを企図している。

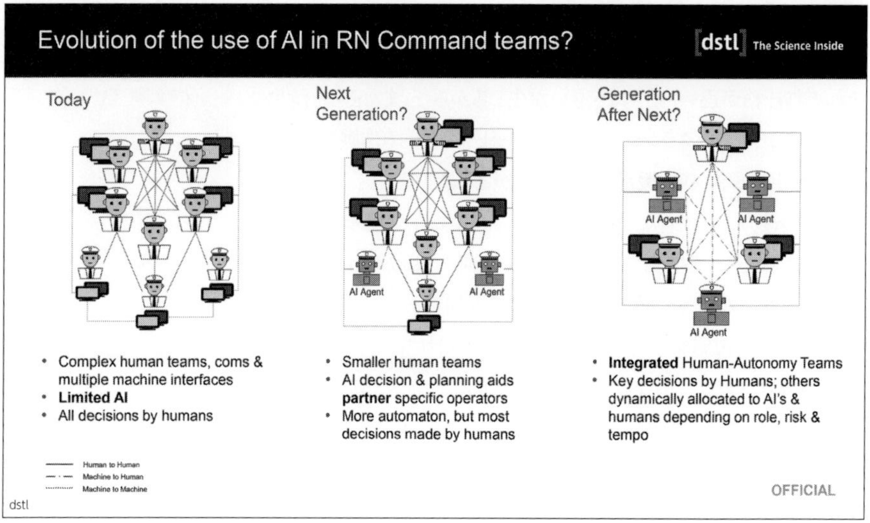

“インテリジェント・シップ” の説明資料から、今日、将来、その先における英海軍指揮チームのAI活用イメージ。すべての判断を人間が行う現在から、人間・コンピュータ・AIの自律統合チームのもと、人間が主要な意思決定だけをしていく将来像を描いている

人間のコラボレーションによって負担軽減を図ろうという狙いだそうだ。

AIで空域管理

空域管理の分野にAIを持ち込もうとしている事例として、米国防高等研究計画局（DARPA）が2020年4月にローンチした、ASTARTE※42（Air Space Total Awareness for Rapid Tactical Execution）計画がある。

これは、A2AD※43環境下において空域の四次元状況図を作成した上で、効率的な航空作戦の実施や、デコンフリクション※44を図ろうというもの。ちなみに四次元とは、三次元プラス時間という意味だそうだ。

デコンフリクションとは、直訳すると「衝突回避」。いてはならない場所、いると具合が悪い場所で友軍同士が鉢合わせして、作戦任務の遂行を邪魔するような事態を防ぐ手立てをいう。たとえば、ヘリを送り込んで特殊作戦部隊を隠密潜入させたいのに、行ってみたら味方の戦闘機が盛大に対地攻撃をやっていたのでは隠密潜入ができ

※42：ASTARTE
DARPAが進めている研究開発プログラムで、敵対的な環境の下で空域の状況を知り、空域管理や航空作戦の計画立案を支援する狙い。

※43：A2AD
Anti-Access/Area Denialの略。「A2」は「アクセス拒否」のことで、「敵軍を自国の近隣に寄せ付けない」という意味。「AD」は「地域拒否」のことで、「敵軍が自国の近隣にやって来ても好き勝手に行動させない」という意味。

※44：デコンフリクション
味方のさまざまな部門に属する部隊あるいは航空機、艦艇などが、同時に複数、同じエリアで任務に従事する際に必要となる調整作業。

ない。それを防ぐには、対地攻撃と隠密潜入がバッティングしないようにする必要がある。そのための調整を図るのは、デコンフリクションの一例である。

つまり、ASTARTE計画が企図しているのは、AIを援用する空域管制や作戦計画立案支援だ。いつ、どこにどんな航空機を送り込んで任務を遂行させて、最終的な目標達成につなげるか。それを立案・決定するための支援手段を作りましょうということである。もちろん、これは人間の頭脳で考えても実現できることだが、それにはやはり経験がモノをいう。それならAIを援用することで、経験が足りなくてもうまくやれるようにならないだろうか、というわけだ。

AIで洋上での衝突回避

意思決定支援に関わる案件としては、米海軍海洋システム軍団[※45](NAVSEA：Naval Sea Systems Command)のODA[※46](Operator Decision Aid) 計画がある。ODA[※47]といっても政府開発援助とは関係なくて、海洋衝突防止用にAIを活用する意思決定支援ツールを開発しようというものだ。

海の上では衝突回避のための基本ルールが定められているが、皆が必ずその通りに動くとは限らないし、ルール通りに動こうとしたら阻害要因に直面する可能性もある。そこで、現場の状況に合わせて適切な判断をするためにAIを援用してはどうか、ということのようだ。これがモノになれば、USV(無人水上艇)が行合船とぶつかるような事態を避ける手法を改善できそうではある。有人のフネにおいても、衝突回避のためのリコメンドに使えるのではないか。

このように、意思決定支援の分野でAIを活用する取り組みがいろいろ出てきている。ただし、あくまで「支援」であり、最後に決定して責任をとるのは生身の人間でなければならない。

AIにどこまで任せられるのか

すでに、無人機(UAV)をはじめとするさまざまな無人ヴィークル

※45：米海軍海洋システム軍団
NAVSEA。米海軍において、艦艇と艦載装備の開発・維持管理などを担当している部門。

※46：ODA
洋上での衝突回避に関わる意思決定を自動化することを企図したプログラム。無人船の運用には不可欠の機能。

が軍事分野で使われており、その中には武装化しているものもある。先に述べてきたように、AIを無人ヴィークルで活用しようとする動きもある。すると当然ながら、「ロボット兵器が戦争をしている!」という批判の声があがる。

これは遠隔操作です!

しかし実際には、武装している無人ヴィークルだからといって、そこに載っているコンピュータが勝手に交戦しているわけではない。あくまで、交戦の指示や目標の指定を行うのは人間であり、それを遠隔操作で実施している。

「ロボット兵器」批判を気にしているのか、イギリス空軍ではだいぶ前から、そして最近ではアメリカ空軍でも、UAVという言い方を避けて、RPAS※47（Remotely Piloted Aircraft System）という呼び方を使うようになった。英空軍も米空軍もMQ-9リーパー※48を武装化して運用しており、「ロボット兵器」批判に直面している事情は同じ。そこで「無人といっても遠隔操作しているのが実態」とアピールする狙いがあるのだろう。

そのMQ-9の遠隔操作では、機体の操縦を担当するパイロットと、センサー・オペレーターがペアを組んで地上管制ステーション※49（GCS：Ground Control Station）についている。そして、定められた手順に沿いながら、交戦の可否判断や目標の選定を行っている。

といったところでAIである。これまでに取り上げてきた各種の事例を見ると、「生身の人間が受け持つには負荷が大きすぎて手に負えないところを、AIに肩代わりしてもらう」という傾向がある。現実的に実現可能なレベル、かつ問題解決を必要としている分野を対象とす

USAF
Koji Inoue

ジェネラル・アトミクス・エアロノーティカル・システムズ（GA-ASI）の多用途無人機MQ-9リーパーと地上管制ステーション（GCS）の管制卓（シミュレータ）。交戦の判断や目標選定はGCSの人間が行う

※47：RPAS
“遠隔操縦航空機システム”の意味で、無人機のこと。「機体がコンピュータ制御で勝手に飛んでいるわけではなく、人が介入する遠隔操縦で飛んでいますよ」と強調したいときに、この言葉を用いることが多いようだ。

※48：MQ-9リーパー
米空軍などで、多数の導入実績がある、ジェネラル・アトミクス・エアロノーティカル・システムズ（GA-ASI）製の無人機。海上保安庁が運用を始めたシーガーディアンは、このMQ-9リーパーの派生型。

※49：地上管制ステーション
飛行中の無人機を遠隔操縦するための設備で、名前通りに地上に設置する。機体だけでなく、機体が搭載するセンサーの操作や、センサーが捕捉したデータの表示も担当する。英語ではGCS。

るのは、理にかなったアプローチである。

しかし、これからAIを活用する無人兵器がいろいろ出てくると、またぞろ「AIが勝手に戦争をしている」等の批判が出てくることは容易に想像できる。それが実態を正しく認識した上での批判なら耳を傾けるべきだが、知らずに(あるいは意図的に)誤認した上で批判するのでは、建設的な話にはならない。

試験・評価の難しさ

もうひとつ、AIの活用が広まってきた場合に従来と勝手が変わるのではないか、と考えているのが、試験・評価。

普通、新たに開発した製品を試験する際には、「所定の仕様、機能、性能を満たしているかどうか」の確認と、「さまざまな使い方をしてみて、不具合が起きないかどうか」の確認が必要になる。

それはAIが関わっていようがいまいが同じことだが、動作しながらAIがいろいろ学習して、それに基づいて動きを変えていくとなったら、どうするか。最初の試験では「問題なし」だったものが、その後の学習によっておかしな方向に行ってしまい、「問題あり」に化ける可能性はないのか。

生身の人間でも、「あの人、以前はまともなことをいっていたのに、○○に影響されておかしくなっちゃって…」ということが起きる。それと同じで、AIが制御するシステムがいつの間にかおかしな動作をするようになっていたら…そういう事態への備えも必要ではないだろうか。

AI五原則

米国防総省は2020年3月11日に、「AI五原則」について発表した。「五原則」と縮めてしまったが、原語では「5 principles of artificial intelligence ethics」つまり「AI倫理に関する五つの原則」である。その内容は以下の通りで、念のために原文も併記する。

責任：国防総省の担当者は、AI機能の開発、展開、運用に関する責任を持ち、かつ、適切なレベルの判断と注意を払う。
Responsible : DOD personnel will exercise appropriate levels of judgment and care while remaining responsible for the development, deployment and use of AI capabilities.

公平性：AIによる意図せざる偏りを最小限に抑えるために、慎重な措置を講じる。
Equitable : The department will take deliberate steps to minimize unintended bias in AI capabilities.

追跡可能：国防総省のAI関連能力は、適用可能な技術、開発プロセス、運用方法を適切に理解できる形で、開発・配備を実施する。これには、透過的で監査可能な方法論、データソース、設計手順、ドキュメントを含む。
Traceable : The department's AI capabilities will be developed and deployed such that relevant personnel possess an appropriate understanding of the technology, development processes and operational methods applicable to AI capabilities, including with transparent and auditable methodologies, data sources and design procedures and documentation.

信頼性：AIにはっきりと明確な用途を定めた上で、機能の安全性、セキュリティ、有効性について、ライフサイクル全体にわたって定められた用途の範囲内で試験・保証の対象とする。
Reliable : The department's AI capabilities will have explicit, well-defined uses, and the safety, security and effectiveness of such capabilities will be subject to testing and assurance with in those defined uses across their entire life cycles.

支配可能：国防総省はAIの設計・実装に際して、意図しない結果を検出して回避する機能と、配備済みのシステムが意図しない動作を示した際に切断または非アクティブ化する機能を備える。
Governable : The department will design and engineer AI ca-

pabilities to fulfill their intended functions while possessing the ability to detect and avoid unintended consequences, and the ability to disengage or deactivate deployed systems that demonstrate unintended behavior.

米国防総省も、AIの研究開発に高い優先度を設定しているところは他国と同様だ。ただし、その際に社会的・倫理的に受容可能な形でAIを使っていく、という考えがあり、それを具体的な形として示したのが、この「AI五原則」といえるのではないか。その背景には、「AIと関わる際の規範を明確にしておかなければ、米軍におけるAIの活用そのものが社会的に受け入れられなくなる」という危機感があったのではないかと思われる。

AIに限らず、新しいカテゴリーの技術や装備や製品が登場したときに、それが社会的に受け入れられるか、既存の法制度などと整合できるか、といった類の問題はついて回るものだ。実のところ、無人ヴィークルもそうである。

AIと人間の棲み分けをどうするか

この「AI五原則」に代表されるように、いわゆる西側先進諸国においては、AIに何もかも自律的に判断させる方向には進んでいない。もちろん「生身の人間の代わりに考えて、自律的に行動してくれるAI」の方がメディア受けはするだろうが、いきなりそんなレベルに飛ぶのは無理があるし、社会的・法的にも受け入れられない。

武装無人機の事例がそうだったのと同様に、AIの応用においても、肝心なところの判断は人間にやらせる方向にある。また、「AI五原則」では「AIが判断の理由を明確にできること」「AIがおかしな挙動に出たときに人間がストッパーになれること」といった要求もある。実際問題として、「AIが操る画期的な新兵器が現れたが、それがある日突然暴走して勝手に戦争を始めてしまい、国家や世界を危機に追い込む」なんていう話は、映画や小説の中だけにしてもらいたい。

しかし、すべての国がそういう配慮をするものだろうか。国によってはもっと踏み込んで、「AIによる自律的な交戦」にまで話を進めてしまう可能性は否定できない。それが社会的・法的に受け入れられてしまう、あるいは受け入れさせることが可能な国であれば、「自律的に判断できるAIをゲームチェンジャーに」という誘惑に駆られるかも知れない。

独裁的・強権的な体制の国で、かつ軍事的優位の実現に血道を上げる状況にあれば、「もしも法的に問題があるということなら、軍事的ニーズを優先して法律の方を変えてしまえばよい」と考える人が出てきてもおかしくはない。そうした国と対峙する可能性がある側としては、「自国でAIをいかに活用していくか」という課題だけでなく、「仮想敵国が自律的AI兵器をぶつけてきたときにどう対処するか」という課題も考えていかなければならないだろう。

また、われわれ部外者としては、ある意味「監視」していくことが必要になる。だが、そこで「AIの軍事利用は怪しからん、反対!」とか「ロボット兵器が勝手に戦争をしている」とかいったことを連呼するだけでは、問題の解決にならない。実情を正しく認識した上で、落としどころを追求していかなければならない。

そもそも、他の分野における民生品活用事例の多くと同様、AIの分野でも「軍用」と「民生用」を完全に区別できるとは限らない。民生用のつもりで作ったものが軍事転用される可能性はついて回る。だから、「民生用ならOK」という単純思考では問題解決にならない。軍事分野でどこまでAIに委ねられるのか、AIに対するストッパーをどうするか、を明確にすることが重要ではないか。

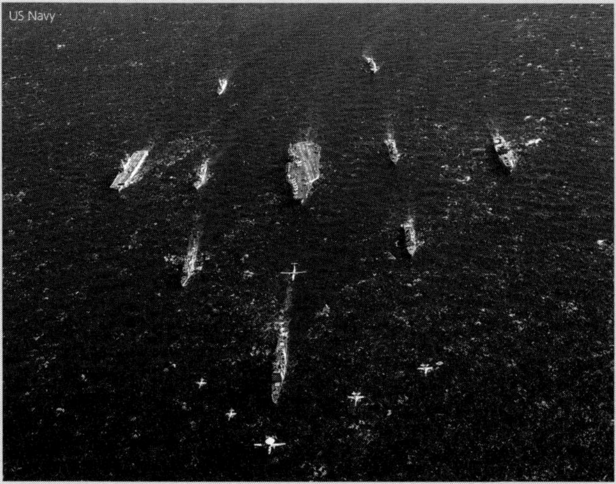

第5部

変わりゆく作戦概念

近年、「領域横断作戦」あるいは「マルチドメイン作戦」といった言葉が頻繁に聞かれる。
防衛省が公表する予算資料などでも、毎度のように「領域横断作戦」という言葉が出てくる。
そうした状況だからこそ、いま現在、どういう戦闘概念が考えられているのかを知ることは重要だろう。
単に、戦闘空間の種類が増えたから「領域横断」「マルチドメイン」という話ではないのだ。
そして、その「領域横断」「マルチドメイン」は、本書でこれまでに取り上げてきた、
さまざまな分野の指揮管制・指揮統制技術なしには成り立たない。

領域横断作戦と指揮統制

真の意味での「領域横断」や「マルチドメイン」を実現するためには何が必要か。それは、陸海空・サイバー電子戦・宇宙といった多様な戦闘空間に対して、個別ではなく全体を俯瞰できるような状況認識を実現すること。それとともに、それらの戦闘空間における作戦行動を相互連携させられる仕組みを作ること。ひとことでいえば「隣は何をする人ぞ」にしてはいけない。

少し乱暴な例えをすると、企業の多角経営が挙げられる。単に事業分野を増やすだけでは、企業の生き残りや発展につながるかどうか怪しい。さまざまな事業分野が互いに影響したり連携したりして、相乗効果を発揮するものでなければならない。

戦術レベルにおける領域横断の例

ただし、その「複数の戦闘空間の連携」によって何を実現するかという話になると、戦略的なレベルと戦術的なレベル※1では相違が生

※1：戦略的、戦術的
これらの言葉にはさまざまな意味・解釈があるが、本書では「戦略とは、国家レベルで“戦争行為”に勝つための方策。戦術とは、その“戦争行為”を構成する個々の戦闘行動に勝つための方策」と意味付けている。戦略とは大局的なものであり、国家が持つリソース（人員、物資、装備、技術、資金など）をどのように割り振り、どのように使うかという話になる。対して戦術とは、戦闘行動に投入する人員や装備をどのように動かして敵軍を倒すか、という話になる。

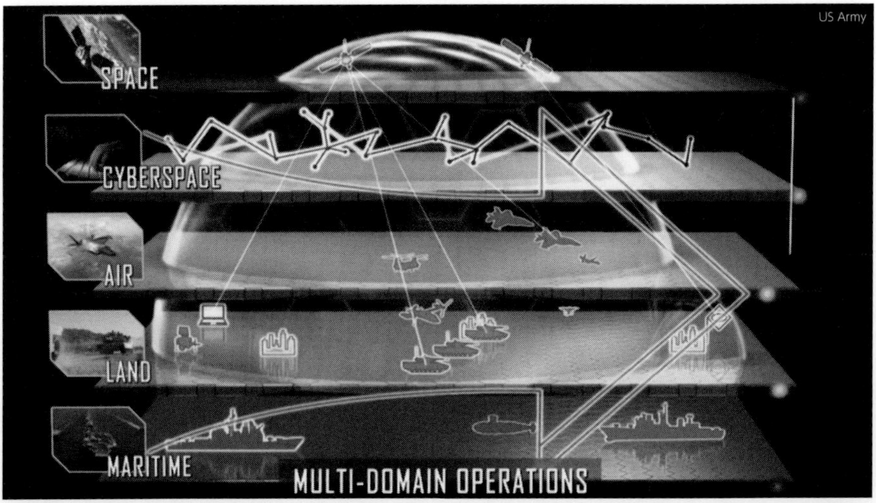

米陸軍が作成した、マルチドメインのイメージ。複数の戦闘空間を相互に連携・連関させる様子を図示している。マルチドメインとは、単に「複数の戦闘空間がある」という話ではない。すべての戦闘空間を連携させて、状況認識や意思決定の優越を図り、最適な手段を投入できるものでなければならない

じるのではないか。実のところ、「戦略レベル・戦術レベル」という分類に意味があるとかないとかいう議論があるが、本書ではあえて、この言葉を使って話を進める。

実際に戦力を動かす過程で、「敵との交戦に際してどのように勝つか」は戦術レベルの話といえる。言い換えれば「戦争」を構成する要素のひとつである「戦闘」に勝つための話である。

具体的な話がないと理解が難しいから、「敵艦隊の外洋進出を阻止するために、通航せざるを得ない海峡部で食い止める」という任務を付与された指揮官の立場になって考えてみよう。まず物理的な話をすれば、対艦ミサイルを撃ち込んで敵艦を撃沈・全滅させれば任務を達成できる。

ところが、そのミサイルを水上艦から撃つか、潜水艦から撃つか、航空機から撃つか、陸上から撃つかで、関わる戦闘空間の顔ぶれが変わる。発射の前段階で敵艦隊を捕捉追尾する必要があるが、それも衛星を使うか、航空機を使うか、水上艦を使うか、潜水艦を使うか、という違いがあり、関わる戦闘空間の顔ぶれが変わる。実際のところ、偵察衛星では定点監視はできないのでリレー式に監視を引き継ぐことになり、結果として複数の戦闘空間が関わるだろう。

そして、敵艦隊が探知されないように邪魔しようということで、我が軍のレーダーに電波妨害を仕掛けてくれば、これは電子戦領域の話である。我が軍の指揮統制システムにサイバー攻撃を仕掛けてくれば、もちろんサイバー戦の勃発となる。

こうなったときに、関わる複数の戦闘空間において、それぞれバラバラに動いていたのでは、勝てるはずの戦も勝てなくなる。あらゆる戦闘空間の偵察・監視情報を集約して一枚の「画」を作り、次に、それを基にしてさまざまな戦闘空間の攻撃手段に対して攻撃命令を下達しなければならない。その過程では、攻撃のタイミングを調整する場面も出てくる。

作戦・戦略局面における領域横断

先に挙げたのは、個別の戦闘に勝つためにさまざまな戦闘空間を連携させて、一元的に指揮するという話だった。もっと上のレベルから俯瞰したときにも、対象こそ違ってくるが、基本となる考え方はそれほど違わない。

戦闘であれば「敵艦隊の撃滅または阻止」が目的になるが、戦争であれば、一連の戦闘を通じて、敵国の戦争目的達成を阻止しなければならない。そのために、どの戦闘空間で何が起きていて、それに対してどの戦闘空間に属する何を投入するのかを速やかに決断して、実行する必要がある。

そのためには、国家全体のレベルでもやはり、陸海空・サイバー電子戦・宇宙といった戦闘空間を一元的に俯瞰して、どこで何が起きているかを迅速に把握できる仕組みを構築する必要がある。流れ込んでくる情報の量が膨大になれば、それを見る人間の方が対応しきれなくなる可能性があるから、情報処理を支援する手段も必要になる。

そして、「戦闘の勝利」→「作戦の勝利」といった流れを通じて、国家として目指すべき「勝利条件」を作り出し、最終的な「戦勝」に持って行かなければならない。それができるのは、国家の最高指揮権限者や軍のトップである。

そして、こうしたプロセスを支援するのが通信網やコンピュータである。状況の認識や意思決定には、迅速さ、正確さが求められる。それを支援するのはコンピュータの仕事だ。

何をどう動かせばよいか、という問題

戦闘でも作戦でも戦争全体でも、指揮する立場の人間は、多種多様な戦闘空間・全体の状況を俯瞰して、持ち駒、つまり指揮下にある部隊をどう動かすかを考えなければならない。

もちろん、最前線で任務に就く兵士がスキルを高めたり、そこに優れた性能・能力を備えた装備を渡したりすることも重要である。しかしそれだけであろうか。

単純に「来襲する敵軍を撃退・撃滅し続けていれば、いつかは戦争に勝てる」と考えるだけでは勝てないだろう。優れたスキル、優れた装備を、いつ、どこで、何に対してぶつけるかを正しく判断できなければ、戦争の勝利にはつながらない。すると、敵国における「脅威

の源」「脅威を生み出す力や仕組み」を見出して、それを適切な手段で叩く必要がある。もちろん、利用できる手段は多様である方が好ましい。

といったところで、米国防総省が推進している新たな戦闘概念と、それを支える仕掛けの話に進む。

オペレーションの分散化とJADC2

ISR資産の充実と、ネットワークを介した情報共有は、いわゆる“戦場の霧”を多少なりとも晴らす効果につながる。あるいは、つながると期待されている。ところが最近、そこからさらに踏み込んで、指揮統制の共有化という話も出てきた。

情報に加えて指揮統制を共有するのがJADC2

陸海空でそれぞれ別々の指揮系統や指揮統制システムを持つのではなく、三軍統合の指揮系統と指揮統制システムを用意する。最近ではさらに、宇宙、サイバー、電子戦などといった、新たな戦闘領域(ドメイン)も加わってきているから、これらも含めて統合化する。これが、先に述べた「一元的な状況認識」という話である。

いわゆる宇サ電(宇宙、サイバー、電子戦)のことを、単に戦闘空間が増えただけ、と解釈すると大間違いになる。すべての戦闘空間にまたがる、一元的な指揮統制を実現しなければならない。それにより、「敵の地上軍が攻撃してきたから、こちらも地上軍で迎え撃つ」といった、同じ戦闘空間内に閉じこもった作戦指揮(“ドメイン・ストーブパイプ[※2]”という)から脱却するとともに、物理的には分散していながら交戦に際しては集中を実現する基盤を構築する必要がある(その辺の事情については後述する)。

これは、ジャンケンにおけるグーチョキパーの関係と似ている。軍種でもウェポン・システムでも、それぞれに強い・弱いの関係、得手・不得手の関係がある。すると、「同じ戦闘空間に属しているかどうか」ではなく「いま、この状況下で最大の強みを発揮できる対抗手

※2:ストーブパイプ
組織の上下をつなぐ、外部と隔てられた情報経路を「ストーブの煙突」にたとえた表現。

段は何か」と考えなければならない。そして、それは必ずしも、相手と同じ戦闘空間に属するものとは限らない。

こうした考え方を具体的なものにするには、情報だけでなく指揮統制の共有も不可欠だ。そこで出てくるキーワードが、米国防総省が推進している新たな戦闘概念・JADC2（Joint All Domain Command and Control。統合全領域指揮統制。「ジャッドシーツー」と読む）だ。

これはモノの名前でもなければシステムの名前でもないから、「JADC2というよさげなモノがあるそうだから、我が国でも買っておこう」とはいかない。概念の話だから、まずは頭の切り替えをしなければならない。

複数の戦闘空間を連携させるとともに、情報の優越、敵に先んじる迅速な意思決定を実現する。それにより、手持ちの戦力の中から最適な手段を用いて交戦する。これが、JADC2の基本的な考え方といえようか。

敵の脅威システムを破壊する

米陸軍が作成したマルチドメイン作戦（MDO：Multi Domain Operations）に関する資料を見てみると、「あらゆる戦闘空間を組み合わせてシナジー効果を発揮させることで、敵の“脅威システム”を破壊する」との考え方が示されている。特定の武器をつぶすとかいう話ではなくて、脅威の源となる仕組みをつぶすのだと読める。

分かりやすくいえば、こういう話だ。「人間が犬に向かって棒を振り回して威嚇したときに、犬の側は、振り回されている棒に向かって食いつくか。それとも、棒を振り回している人間を攻撃するか」。脅威システムをつぶすという考え方は、もちろん後者である。

1980年代に出てきた空陸共同戦[※3]（AirLand Battle）の概念では、彼我が対峙する最前線の後方に控えている敵軍の第二梯団についても、長射程火力や航空戦力によって同時並行的に叩くとの考えがあった。目指す効果は「敵の打撃力を減殺すること」だが、対象は物理的な人員・装備であった。それに対してMDOでは、敵国が戦争を遂行するための「仕組み」を叩くといっている。そこで、このこ

※3：空陸共同戦
冷戦末期の1980年代頃に、兵員や装備の数で大きく勝るソ連（と、その他のワルシャワ条約機構加盟国）に立ち向かう目的でアメリカ軍が考え出した戦闘概念。陸は陸、空は空、とバラバラに戦うのではなく、航空機や長射程の砲、ロケット兵器などを総合的に活用する。そして、最前線で対峙している敵軍だけでなく、その後方に控えた後続部隊も同時並行的に叩くとの考えを導き出した。「エアランド・バトル」というカタカナ語としても通用する。

とを筆者なりに解釈してみた。

たとえば、敵国が「迎撃が困難な対艦ミサイル[※4]」や「極超音速兵器[※5]」といった装備を誇示して、軍事的圧力をかけてきたとする。こうした兵器の発射機を見つけ出してつぶせば、脅威は取り除かれる…と、これは1980年代の考え方。一方のMDOでは、「つぶす」ことを、もっと幅広く考えているのではないだろうか。

どんなに高性能のミサイルでも、発射のために目標の捜索・捕捉と意思決定が必要になることは変わらない。そして、それを実現するためにはセンサーや通信網や指揮管制システムが関わる。目標がどこにいるのかを知る手段を喪失すれば、どんなにリーチが長い高精度の武器でも有用性が下がる。また、意思決定のループを無力化できれば、発射を命じる人がいなくなったり、発射の指令を伝達できなくなったりする。

それを実現する手段は、なにもミサイルのような物理的破壊手段に限らない。電子戦はセンサーや通信網の無力化に関わるし、サイバー戦は通信網や指揮管制システムに関わる。そうなると、陸海空というトラディショナルな戦闘空間以外のところにもステージが拡大する。それらをバラバラにやるのではなく互いに連携・連関させる。

その上で、物理的な破壊手段が最適という話になったら、手持ちの中から最適な手段を選んで使う。しかし、物理的な破壊手段よりも他の手段の方が有効と判断されれば、そちらを使う。それらの資産がつぶされないようにしつつ威力を発揮させようとすれば、物理的な分散と協調による集中攻撃が不可欠になる。

と、そんな話になるのかなあと考えている。

JADC2という発想が出てきた背景

繰り返しになるが、JADC2の根底にある考え方とは、すべての戦闘空間を一元的に捉えた上での「状況認識の優越」「意思決定の優越」「迅速な意思決定と執行」にある。また、すでにある「情報の共有」の上に「指揮統制の共有」をかぶせるとの見方もできる。こうした考え方が出てきた背景事情とは何か。

※4：迎撃が困難な対艦ミサイル
「矛と盾」の故事通り、対艦ミサイルという新たな武器が登場すれば、今度はそれを迎え撃つ手段が考案される。それが艦対空ミサイルであり、対艦ミサイル迎撃用の機関砲、いわゆる近接防御システム（CIWS）である。そこで対艦ミサイルの側は、海面スレスレを飛翔したり対レーダー・ステルス技術を盛り込んだりすることで被探知性を下げたり、敵艦に突入しようという最終段階でいきなり超音速に加速したり、といった工夫をするようになった。

※5：極超音速兵器
大気圏内を飛翔する各種誘導弾のうち、飛翔速度がマッハ5を超えるものを指す。大形ロケットで打ち上げて極超音速まで加速、その後は滑空するものと、自前のエンジンを持っているものがある。なお、弾道ミサイルも飛翔速度がマッハ5を超えるが、極超音速兵器には分類しない。

※6：対艦弾道弾
弾道ミサイルのうち、特に洋上の敵艦を攻撃する目的で開発されたもの。相手が洋上を動き回ることから、単純に目標の位置を入力して飛ばすだけでは命中しない可能性が高く、誘導機構に工夫が求められる。にもかかわらず、こうした武器の話が出てきたのは、一般的な対艦ミサイルよりも弾道ミサイルの方が迎撃が困難ではないか、という考えがあるため。

A2AD（アクセス拒否・地域拒否）

「新たな戦闘概念」の話を取り上げる際に、避けて通ることができないキーワードが、「アクセス拒否・地域拒否」(A2AD：Anti-Access / Area Denial) だ。自国に近いエリアを対象として、強力な攻撃手段を配備することで「敵軍が当該エリアに侵入してこないようにする」のがアクセス拒否、「敵軍が当該エリア内を自由に動き回れないように行動を掣肘する」のが地域拒否、といった意味になろうか。

たとえば海洋戦闘の分野でこれをやろうとした場合、当然、強力な対艦打撃力が必要になる。中国が導入しているとされる対艦弾道弾※6（ASBM：Anti-Ship Ballistic Missile)、あるいは中露が開発に血道を上げている極超音速ミサイルは、こうした打撃力の一例。一般的な対艦ミサイルと比較すると迎撃が困難になる分だけ、迎え撃つ側としては分が悪くなり、結果として艦隊を中国本土に近付けるの

US Navy

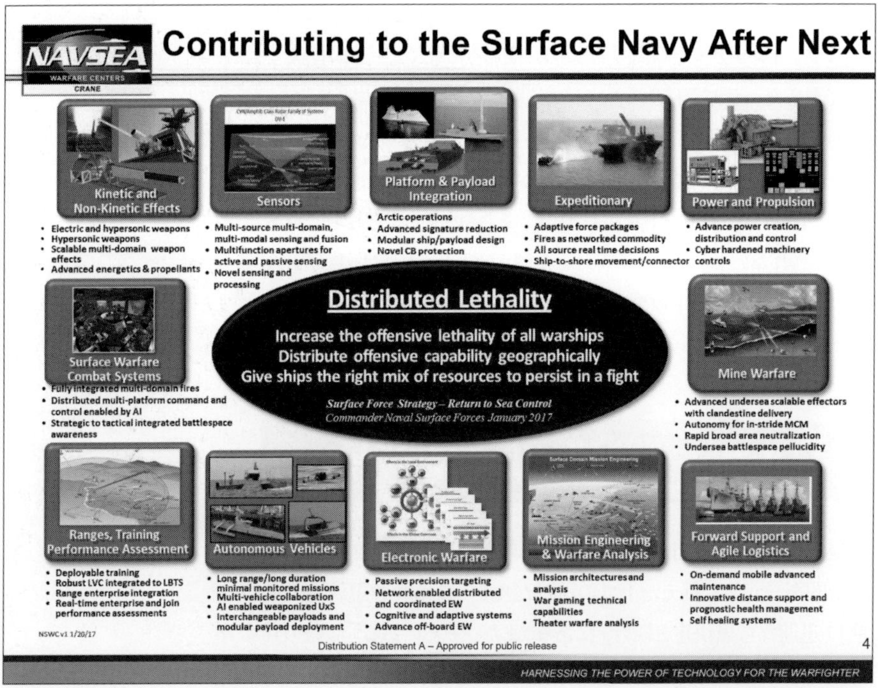

打撃力を集中配置するのではなく、地理的に分散したさまざまな艦艇などに分散しつつ、協調させることで集中の妙を発揮させるのが、分散打撃の考え方

を躊躇するようになってくれれば…といった話になろうか。

そこで米海軍は、単純に「脅威が現出したので、それを迎え撃つ手段を整備しなければ」という反応にとどまらなかった。さらに踏み込んで、「A2ADなるものをいかにして打ち破るか?」を考えた。そして米海軍のみならず、他の軍種も含めて、分散化しつつ相互に連携する戦い方」という話が出てきた。

確かに「集中の原則」はあるが

「二兎を追う者は一兎をも得ず」という諺がある。軍事作戦の分野では、「目標の確定と兵力の集中」なんてこともいわれる。すると、主目標に対して手持ちの戦力をできるだけ多くつぎ込み、副次的目標や陽動作戦に使う戦力は必要最小限に留めるのがよい、という話になる。確かに、あれもこれもと欲張って複数の目標を設定した挙句に、個別の目標ごとに手持ちの兵力をばらまいた結果として、虻蜂取らずになったり、各個撃破されたりといった事例はたくさんある。

そして、大部隊を集中する方が数的優位につながるし、見栄えもする。1991年の湾岸戦争で、米陸軍・第VII軍団が砂漠を埋め尽くすかのように、大量の車両を揃えて進撃させている模様を撮影した写真を見たときには、「こりゃかなわん」と思ったものだ。

また、米海軍などが演習あるいは他国との合同訓練を実施したときに、お約束としてリリースする公表写真では、空母などの大型艦を中心に置いて、その周囲に随伴艦を、上空に空母の搭載機を配した写真を撮るのが定番だ。いかにも見栄えがするし、仮想敵国に対する心理的威圧効果も期待できるかも知れない。

2022年の環太平洋合同演習(RIMPAC 2022)における、フォトミッションでのひとこま。こんなに多数の艦が密集して陣形を組むのは、もちろんフォトミッションのときだけだが、アピール効果はある

※7：空母打撃群
→82ページを参照。

※8：両用即応群
遠征打撃群（ESG、→82ページ参照）の旧称。水陸両用戦に備えて展開する任務群だから、こういう名前になった。

といっても実際には、こんな具合に密集して行動するのはフォトミッションのときだけで、実際にはもっと散開しているのが普通だ。それでも、空母打撃群[※7]（CSG）あるいは両用即応群[※8]（ARG）とかいった形で、比較的、多くの艦をまとめた戦術単位を編成するのが、常識と思われていた。

まとまっていたら一網打尽

ところが、昔と比べると、使える兵力の絶対数そのものが少なくなってきた。その背景には、経済的な事情や、装備品の高度化・複雑化（ありていにいえば“おカネがかかる”）といった事情がある。予算に限りがあり、人件費も装備調達費も研究開発費もかさむとなると、そうそう数は揃えられない。

第二次世界大戦のときには、1,000機を越える爆撃機をひとつの都市に向けて差し向けたものだ。可動率100%ということはあり得ないし、訓練・整備所要もあるから、実際の手持ちの機体はもっと多い。ところが当節では、世界中を逆さに振っても、爆撃機と名の付く機体の合計は、はるかに少ない。

それに加えて、装備品の高度化・複雑化は、別の種類の問題も惹起した。つまり、「手持ちの戦力をひとつところに集中していると、それがまとめてやられてしまうリスクにつながる」という問題。武器の威力と命中精度が向上した上に、それが迎撃困難という話になれば、この問題を避けて通ることはできない。

また、打撃力にしてもセンサー能力にしても、少数の「高性能のプラットフォーム」にそれが集中していると、どうなるか。そのプラットフォームがやられた途端に、戦闘能力が大幅に減退する事態を引き起こす。それはまずい。

艦載用戦術データリンクの分野では、昔はネットワークの統制を担当する艦が1隻いて、それが他の艦を呼び出す形でデータをやりとりしていた。しかしこの形態では、統制艦がやられたらネットワークが崩壊する。特定の艦にネットワークの機能を集中せず、各々が対等な立場（peer-to-peer）でやりとりする形態の方がやられにくい。これもひとつの分散化といえるかも知れない。

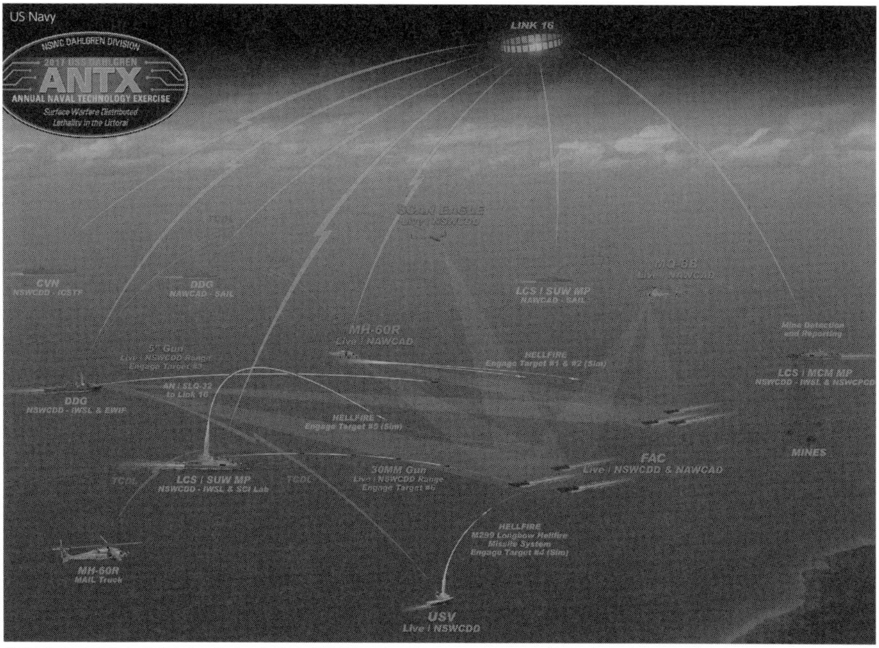

米海軍が2017年に実施した、有人・無人の各種ヴィークルをリンク16やTCDL（戦術共通データリンク）でネットワーク化する実証試験のイメージ。特定少数の「強力な艦や航空機」ではなく、探知・交戦の機能を多数のヴィークルに分散している

そうした事情と、装備品の能力が向上している事情、そして情報通信技術が飛躍的に進化している事情。これらの合わせ技により、コンピュータのようなパーツのレベルではなく、部隊の編成や運用の分野においても、ダウンサイジングあるいは分散処理に類する形態が現実的なものになってきた。その具体例を御覧いただこうというのが、「小型化と分散化」というテーマである。

ただし、単に分散させるだけでは、各個撃破されたり、攻撃が散発的になってしまったりして役に立たない。物理的には分散していても、交戦に際しては協調・集中しなければならない。すると、分散展開した各種の資産を連携させる手段として、ネットワークが死活的に重要になる。

指揮統制機能の分散化事例：米陸軍のIBCS

本書のテーマは「作戦指揮とAI」だから、指揮統制の機能を分散化する事例をひとつ紹介したい。それが、ノースロップ・グラマンが米陸軍向けに開発した指揮管制システム、IBCS（Integrated Battle Command System）である。

IBCSはもともと、統合防空・ミサイル防衛※9（IAMD：Integrated Air and Missile Defense）のための指揮管制システムとして作られた。

もともと陸軍向けに開発されたシステムだから、第2部でも述べたように、地上に固定設置するのでは仕事にならない。そこで機材一式を車載化して、移動できるようにしてある。野戦部隊の指揮所と同様に、「ここを指揮所とする!」と決めたら、そこで店開きをする。

そのIBCSの指揮所のことを、EOC（Engagement Operations Center）という。engagementといっても「婚約」のことではなくて、「交戦」という意味である。

そこで疑問が生じるのではないだろうか。「敵軍の指揮官を討ち取ることができれば、それはいわば "首をはねる" ようなもの」という考え方がある。すると、米軍と対峙する敵軍は、IBCSのEOCを見つけて破壊あるいは無力化してしまえば、IBCSと、それを通じて行われる戦闘指揮を無力化できてしまうのではないだろうか?

実は、そこにIBCSの興味深いポイントがある。確かに、ひとつの指揮所にすべての機能を集中すれば、そこが破壊あるいは無力化された途端に、指揮下にあるユニットが単なる烏合の衆と化してしまう。そこで、IBCSの神経線となるネットワーク・IFCNには、複数のEOC

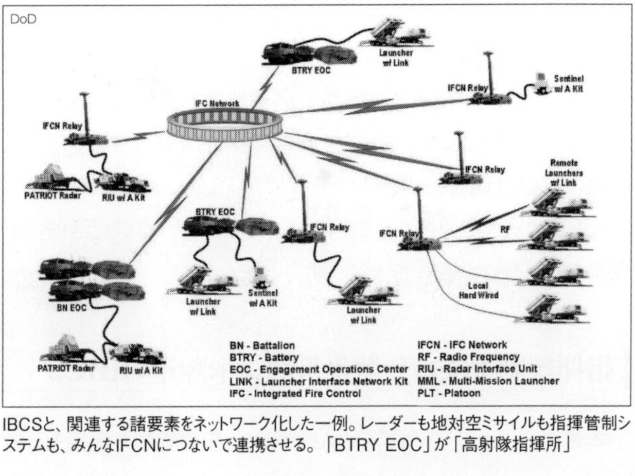

IBCSと、関連する諸要素をネットワーク化した一例。レーダーも地対空ミサイルも指揮管制システムも、みんなIFCNにつないで連携させる。「BTRY EOC」が「高射隊指揮所」

※9：統合防空・ミサイル防衛
英語ではIAMD。一般的には「防空・ミサイル防衛を同時並行的に実施すること」と解されているようだ。しかし、本質は「ひとつの戦闘システムで、脅威の種類を問わず、一元的に対処できる」部分にあるのではないかというのが筆者の考え。

を組み込める。パトリオット地対空ミサイルをはじめとする対空兵器や、そこで使用するMPQ-65みたいなレーダーも、みんなIFCNに接続する。

そして、さまざまなセンサーから入ってくる情報をIBCSが融合して単一の共通作戦状況図（COP）を生成・アップデートするとともに、複数のEOCが同じCOPを共有する。すると、どれかひとつのEOCがやられてしまっても、残ったEOCで機能を維持することができる。ギリシア神話に「三つの頭を持つ冥界の番犬・ケルベロス」が出てくるが、何やらそんなイメージではある。

さらに、米陸軍以外の軍種が持つセンサーや武器をIBCSに接続・連携させる実験もいろいろ行われている。ただし、そうしたセンサー

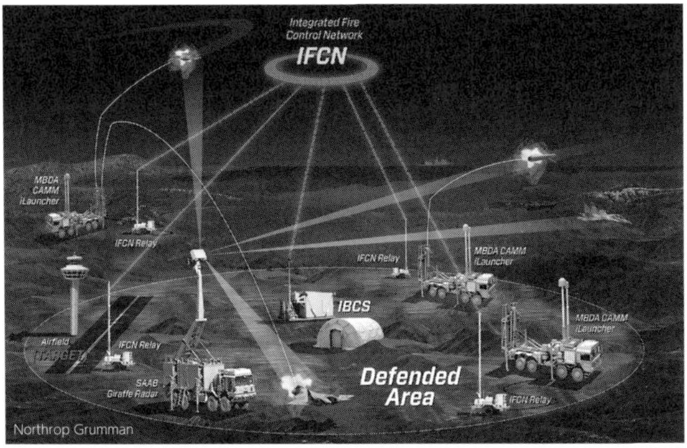

IBCSの中核となるのは、IFCNと呼ばれるIPネットワーク

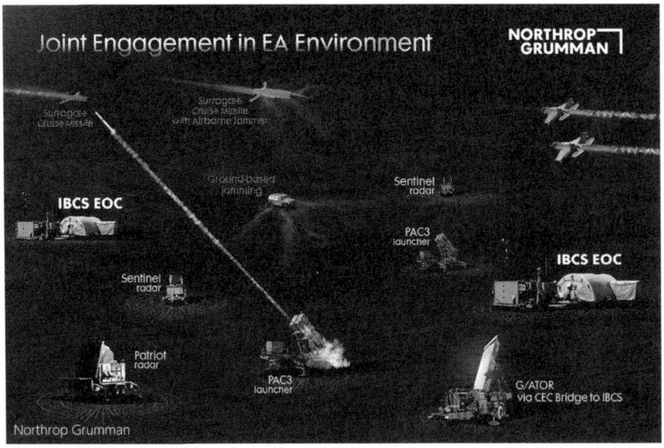

ホワイトサンズで試験を実施したときのシステム構成。先の図と異なり、F-35や海兵隊のG/ATORレーダーがネットワークに加わっている

や武器はIBCSと直結できるインターフェイスを持っていないから、JTMC[※10] (Joint Track Manager Capability) という「仲介役の機能」を開発している。必要とあらば、米海空軍・海兵隊のF-35をネットワークに加えてデータを受け取ったり、米海軍のイージス艦と連携したりといったことも起こり得る。こうなるとまさに、陸軍というひとつの戦闘空間に留まらない話に発展する。

センサーの分散化は能力向上にもつながる

多様なセンサーをネットワーク化してIBCSのような分散型指揮統制システムと接続、それらから得たデータを融合すると、どうなるか。特定のセンサーだけでは実現できない追尾を可能にしたり、あるセンサーが使えなくなったときでも別のセンサーでフォローしたり、といったことが可能になる。

たとえば、あるレーダーが使用している周波数帯に妨害が仕掛けられて、探知・追尾が困難になったとする。普通なら、それで「もはやこれまで」だが、異なる種類のレーダーを併用していて、それが別の周波数帯、別の変調方式を使用していれば、妨害を切り抜けられるかも知れない。

また、離れた場所にある複数のセンサーで同じ目標を捕捉追尾すれば、単一のセンサーを用いるときよりも精度が高い捕捉追尾が可能になる。これはすでに、IBCSや、米海軍の共同交戦能力[※11] (CEC: Cooperative Engagement Capability) で実現していることだ。

この考え方を拡大して、陸軍だけでなく、他の軍種が使用しているセンサーもネットワークに加えたらどうなるか。地上設置のレーダーだ

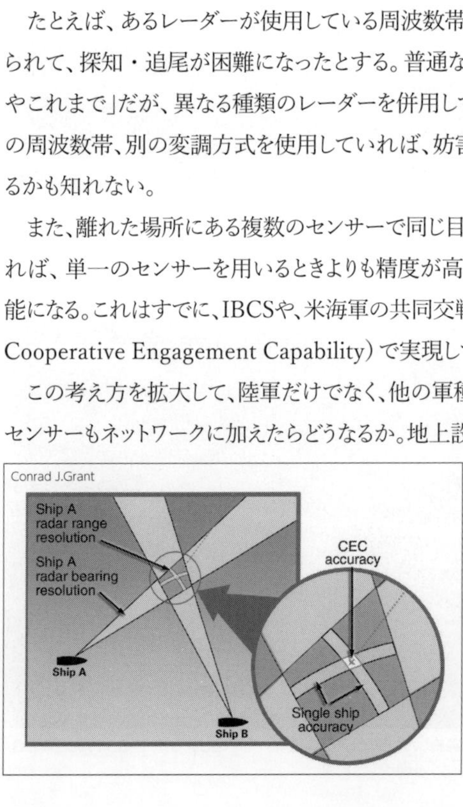

2隻の艦が同一目標に対してレーダー探知を行い、その結果をCECを通じて融合すると、高い精度の探知情報を得られるとの考え方を説明する図。引用元は、ジョンズ・ホプキンズ大学応用物理学研究所テクニカル・ダイジェスト第23巻2-3（2002年）

※10：JTMC
もともと相互接続ができない米海軍の共同交戦能力（CEC）と米陸軍のIBCSを、相互接続できるようにする目的で開発している中継機能。これが実現すると、IBCSは米海軍のイージス艦とも連携できるようになる。

※11：共同交戦能力
英語ではCEC。リンク16によってリアルタイムに近い戦術情報を共有できるといっても、更新頻度は秒単位にとどまり、精度にも限りがあった。その後の通信技術の進化を活用して複数のプラットフォームを連携させることで、リアルタイム更新、かつ射撃指揮に使えるレベルの高精度捕捉追尾情報を得ようというのがCEC。たとえば、同じ目標を異なる方向から複数のレーダーで捕捉追尾すると、単一のレーダーよりも高精度の位置標定ができる。こうした情報を活用することで、ネットワークに参加している複数のプラットフォームが、あたかも一体となったかのように交戦できる。また、空母のように重要度が高い艦をCECに組み込むことで、空母に脅威が接近する前から脅威の飛来について知り、備えることもできる。

アーレイ・バーク級駆逐艦のマスト。リング型IFF（Identification Friend-or-Foe）アンテナの下に付いている4枚の平面アンテナが、CECが情報交換に使用するPAAA（Planar Array Antenna Assembly）

けでなく、航空機搭載のレーダーや光学センサー、衛星搭載のレーダーや光学センサー、電子戦システムなど、多様な探知手段から得たデータを融合する形も、理屈の上では実現可能になる。

要約すると、「（さまざまなセンサーやウェポンを接続できる）オープン・アーキテクチャと、すべての機能をひとつところに集約しない分散環境の合わせ技により、抗堪性が強い頭脳と神経線を実現できる」という話になる。それぞれ異なる場所に位置しているセンサーからのデータを集約して融合する技術は、すでに別の分野でも存在しているから、荒唐無稽な話ではない。

JADC2を実現する要素いろいろ

海外の軍事関連ニュースを見ていると、ときどき遭遇する言葉が“enabler”（イネーブラ）。意味は辞書通りで、「○○を可能にするもの」という意味になる。もちろん、米軍が推進している新しい戦闘概念・JADC2にも三つのイネーブラが存在する。

何はなくとも、まず通信

小型化・分散化とネットワーク化は不可分の関係にあるから、当然ながら通信はJADC2のイネーブラとなる。もっとも、軍事の世界ではもともと、通信は重要なものとみなされているし、その延長線上でNCW（Network Centric Warfare、ネットワーク中心戦※12）という言葉もあった。ただ、以前からあったネットワーク化の考え方からさら

※12：ネットワーク中心戦
英語ではNCW。対義語として「プラットフォーム中心戦」がある。プラットフォーム中心戦とは、車両、艦艇、航空機といった個別のプラットフォームが持つ能力を用いて交戦するとの考え方。たとえば戦闘機なら、飛行性能、搭載するレーダーの性能、武器の数や性能が問題になる。それに対してNCWでは、ネットワークで結んだ複数のプラットフォーム・全体が単位であり、あるプラットフォームが持っていない、あるいは見劣りする能力があっても、ネットワークを通じて他のプラットフォームから補える、と考える。

に踏み込もうとすると、さらに通信の重みが増すという話にはなる。

もちろん、妨害に強く高い伝送能力を発揮できる通信技術を実現することは重要だが、それに加えて、あるネットワークが使えなくなったとしても、代替手段を用意して途絶を防ぐ、との考え方も不可欠になる。

そこで米国防高等研究計画局（DARPA：Defense Advanced Research Projects Agency）が2010年代の半ばから走らせている研究プログラムが、DyNAMO（Dynamic Network Adaptation for Mission Optimization）だ。強引に日本語にすると、「任務最適化のために、動的に適応できるネットワーク」ぐらいの意味になろうか。

これだけでは判じ物みたいだが、「陸・海・空といった、あらゆる戦闘空間にまたがるネットワークを動的に構成する」「あるネットワークが使えなくなっても、別のネットワークで代替経路を構成する」と説明すれば理解しやすくなるだろうか。

DyNAMOでは、すでにあるリンク16[※13]、TTNT[※14]（Tactical Targeting Networking Technology）、CDL[※15]（Common Data Link）など、相互に互換性も相互接続性もない通信規格同士を相互接続するとともに、リンクが切れたときには自動的に別ルート・別通信規格による再構築を実施する考えだ。たとえば、TTNTのリンクが切れたときにリンク16で通信の継続を試みるといった具合になる。

このDyNAMO計画、2016年の7月にレイセオン（当時。現在はレイセオン・テクノロジーズ）傘下のBBNテクノロジーズが900万ドルの契約を得ており、2020年の末には、米空軍研究所[※16]（AFRL：Air Force Research Laboratory）の施設で実証試験を実施するところまで話が進んでいる。

情報基盤を作るためのクラウド技術

複数の戦闘空間にまたがって領域横断型の情報共有・意思決定・指揮統制を実現しようとすると、情報システムのあり方も異なってくる。個々の戦闘空間ごとに独立したシステムを構築するのでは、「領域横断」どころかストーブパイプ化しかねない。

そのため、JADC2に関連して「クラウド技術の活用」が謳われて

※13：リンク16
いわゆる西側諸国で標準的に用いられている戦術データリンク。味方の位置や状況に加えて、捕捉・追尾している敵の位置や動向に関する情報を、ネットワークを介してやりとりしながら共有する。これにより、ネットワークに参加している全員が、同じ状況を見ることができる。ただしリアルタイム更新とはいかず、若干の遅延はある。リンク16はUHF無線通信が基本だが、衛星通信を利用して遠方までデータを届ける仕組みもある。

※14：TTNT
リンク16と比べて高い伝送能力と耐妨害性を備えるデータリンクで、コリンズ・エアロスペース社が開発している。ネットワークはメッシュ型、つまり参加している各ユニット同士をメッシュ状につなぐ構成で、参入・退出も自由にできる。通信相手の識別には、インターネットで用いられているのと同じIP（インターネット・プロトコル）を用いる。

※15：CDL
情報収集・監視・識別（ISR）用のセンサーがデータを送るために使用する通信システムで、動画の伝送に対応できるぐらいの高い伝送能力がある。

※16：空軍研究所
米空軍の研究機関で、オハイオ州のライトパターソン空軍基地に本拠を構える。レーザーなどのエネルギー兵器については、ニューメキシコ州のカートランド空軍基地に拠点がある。

いる。情報、あるいはそれを処理する手段がバラバラに存在していたのでは具合が悪いから、単一のネットワークの下で一元的に扱わなければならない。すると、データも機能もネットワークの向こう側に集約する方が自然な流れといえる。

しかし、生のデータをネットワーク経由でクラウド側に投げると、ネットワークの負担もクラウド側の負担も増える。そこで、現場(エッジという)で前処理を行い、データの抽出など所要の処理を行ってからクラウド側に渡す、という考え方も出てくる。

では、その場合のクラウドとエッジの役割分担をどうするのが最適か？ たぶん、机の上であれこれ検討したり議論したりするだけでは足りず、シミュレーションを活用してさまざまな手法を試したり、実際に実証試験や演習の場でシステムを動かしてみたりして、最適解を求めていく作業が不可欠ではないだろうか。

判断・意思決定を加速する人工知能(AI)

さまざまな分野で「AIを使って○○しました」というと売り文句になる、あるいは売り文句になると思われている当世だが、国の護りがかかっているJADC2では、もっと真剣に考えている。JADC2では、AIを「情報の優越」「迅速な意思決定」を実現する手段と位置付ける。

さまざまなセンサー・ノードから流れ込んできたデータを基にして状況を把握した上で、どこにいる何を使って対応するのが最善なのかを迅速に判断して指令を飛ばす。これは以前から当たり前に行われていることだが、状況の把握や判断は人間に拠る部分が大きい。そこで人間の頭脳だけでなくAIも活用しましょう、というのがJADC2における考え方。そこでDARPAでは、意思決定支援ツールの研究開発案件・ACK(Adapting Cross domain Kill Webs)計画[※17]を走らせている。

それはいいのだが、問題は「信頼できるAIの実現」「AIに関する説明責任」であろう。適切なデータを学習して適切な意思決定支援ができるAIでなければ国の護りに資することにならない。適切なデータを用意して適切に学習していることの保証、意思決定におけるAIと人間の責任分担など、考えないといけない問題はいろいろある。

※17：ACK計画
DARPAが進めている研究プログラム。指揮官が最適な交戦手段を選んで任務を付与したり、新たな任務の再割り当てを行ったりするための支援手段実現を企図している。ポイントは、陸・海・空・宇宙・サイバー電子戦といった多様な戦闘空間を一元的に扱い、組織の枠を超えること。

※18：コネクテッド・バトルスペース
コリンズ・エアロスペース社が掲げる「みんなネットワークでつながって、相互に連携しながら交戦する」という考え方に付けられた名称。

相互運用性の確保と指揮システムの一元化

JADC2のような話が出てくると、特定軍種の中だけでは話が収まらなくなる。そこで問題になるのは、陸海空軍・宇宙軍といった、各々の軍種の間で指揮統制システムに関する相互運用性を確保すること。もちろん、インターフェイス仕様やデータ・フォーマットなどを完全に統一するのが理想だが、それができなければゲートウェイを用意して相互変換する必要がある。

ここでいうゲートウェイとは、異なる通信規格、異なるシステムの間に入り、相互変換・相互中継を行う機能、あるいはそれを実現する機器を意味している。

レイセオン・テクノロジーズ傘下のコリンズ・エアロスペースでは、“コネクテッド・バトルスペース※18”(Connected Battlespace)という概念を掲げている。同社で「インターナショナル、英国・欧州　カスタマー&アカウントマネージメント」担当の副社長というポジションにあるクリス・ハジール(Chris Hazeel)氏によると「“コネクテッド・バトルスペース”とは製品のことではなく、既存の機能・能力を統合するプラットフォーム、かつ、複数のステージで統合できるもの。その一部を米軍なりに定義したのがJADC2です」という。

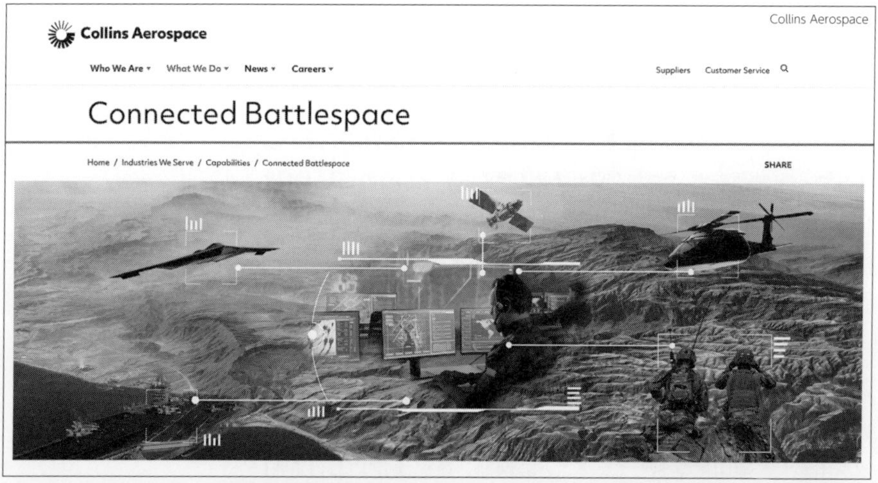

コリンズ・エアロスペース社による“Connected Battlespace”の紹介サイト。そのトップ・ムービーで、宇宙、空、陸、海、サイバーといった各ドメインの機能がゲートウェイを通じて連携する「コネクテッド・バトルスペース」を表現している

コリンズ・エアロスペースの前身はロックウェル・コリンズで、航空機搭載用の通信機などで知られた会社だ。そのせいもあってか、「異なるシステム同士を通信させるにはゲートウェイを用意すれば良い」と、通信システムの立場からアプローチしている。既存のシステムを全部御破算にして、ゼロから作り直しましょう、という非現実的な考え方ではない。

その辺は、指揮統制機能の統合化を掲げる、ロッキード・マーティンの「ダイアモンドシールド[※19]」(DIAMONDShield) という製品も似ている。既存の陸・海・空の指揮システムを御破算にして取って代わるのではなく、すでにある陸・海・空の指揮システムから情報を得てダイアモンドシールドに取り込み、一元的な状況認識を実現するとの考え方。

デンマークのシステマティック社は「シータウェア[※20]」(SitaWare) という指揮統制システムを開発しており、これはすでに多数のNATO加盟国などで採用されている。「シータウェアはオンプレミス[※21]、つまり自前のインフラを用意してシステムを構築することもできるが、SaaS[※22] (Software as a Service) として、ネットワーク経由でシータウェアの機能を利用することもできる。既存の陸・海・空の指揮システムからシータウェアにデータを取り込むことで、複数の戦闘空間を一元化する」との考えだという。

※19:ダイアモンドシールド
ロッキード・マーティン社が開発した、マルチドメイン対応の指揮統制用ソフトウェア。陸海空のいずれかひとつだけではなく、複数の戦闘空間を対象として、状況の表示や戦闘指揮の機能を提供する。

※20:シータウェア
デンマークのシステマティック社が開発・販売している、指揮統制システム製品。NATO諸国を中心に、多くの導入実績がある。

※21:オンプレミス
情報システム用語。利用者が自らコンピュータをはじめとする所要の機器を用意して、自前で運用するシステムを構築すること。

※22:SaaS
サースあるいはサーズと読む。何らかの機能を提供するソフトウェアを利用する際に、利用者のところに設置したコンピュータで実行するのではなく、サービス提供事業者がもつコンピュータで動作させる。利用者は、そのソフトウェアが提供する機能をネットワーク(一般的にはインターネット)越しに利用するので、自前でコンピュータなどを用意する手間がかからない。その代わり、信頼できるネットワークの存在が不可欠となる。

おわりに

この第5部では、主として米軍の新たな戦闘概念について取り上げた。こういう話が出てくると、我が国では往々にして「我が国でもJADC2を導入しなければ!」といった類のことをいいだす人が出そうである。昨今の「領域横断作戦」「マルチドメイン作戦」といった言葉の扱われ方を見ていると、どうも「バスに乗り遅れるな」といって海外の最新トレンド・ワードに飛びついている気配が感じられてならない。

しかし、JADC2は「モノ」ではない。「概念」である。そして重要なのは、日本がアメリカのJADC2をそっくりそのまま移入することではない。「アメリカ軍がどういう状況に直面しており、そこでどう立ち向かって勝利者を目指そうとしているか」「そのためにどんな戦闘概念を考え出したのか」という、背景事情や理念の部分を咀嚼・理解する必要がある。その上で、JADC2という概念を推進する米軍に対して、同盟国としてどのように対応して、関与していくかを考えるのが筋だ。背景事情や根っこの理念を咀嚼・理解せずに、表面的なところだけ真似しても役に立たない。これはAIの活用についてもいえることだろう。

まず「国家として目指すべき最終目標」「国家として護るべき利益線」を明確にした上で、それがどのような脅威に直面しているか、その脅威に対してどう立ち向かうかを考える。その上で、JADC2をはじめとする戦闘概念や、それを実現するツールのひとつであるAIを、どうはめ込んで活用していくか。そういう順番で考えていかなければならない。

索引

※1｜本索引は、本文、注釈、コラム及び図表に使用されている用語を対象として作成しています。
※2｜数字は、その用語の出ているページです。
※3｜「→」がある場合は、矢印が示す言葉で索引を引いてください。

作戦指揮とAI
わかりやすい防衛テクノロジー

2023年6月20日　初版発行

●著者　井上孝司

●カバー絵　竹野陽香（Art Studio 陽香）

●装丁・本文デザイン　橋岡俊平（WINFANWORKS）

●編集　ミリタリー企画編集部

●発行人　山手章弘

●発行所　イカロス出版株式会社
〒101-0051 東京都千代田区神田神保町1-105
https://www.ikaros.jp/

出版営業部
sales@ikaros.co.jp
FAX 03-6837-4671

編集部
mil_k@ikaros.co.jp
FAX 03-6837-4674

●印刷・製本　日経印刷株式会社

●本書はマイナビニュースTech+連載『軍事とIT』から、「指揮統制」「指揮管制」「AI」「領域横断作戦」「マルチドメイン作戦」というテーマで関連記事をピックアップし、大幅に加筆・修正してまとめたものです。